# はじめての数理論理学

Mathematical Logic for Beginners

証明を作りながら学ぶ記号論理の考え方

山田俊行［著］
Toshiyuki Yamada

森北出版

# まえがき

## この本の内容

この本では，数理論理学の考え方を通して，二つの側面から数学の証明の仕組みや作り方を学ぶ．一つは，数学に出てくる主張や証明を，論理学の視点で筋道立てて考える側面である．もう一つは，論理的な思考法を数学の視点で厳密にとらえる側面である．両方の見方を通じて数学の証明についてより深く学ぶことが，この本のねらいである．

どちらの視点でとらえるにしても，考える対象を記号で表すことが理解を進めるカギとなる．そこで，まず序章では，主張や推論を記号で表すという数理論理学の特徴を，具体例を通して理解する．続く三つの章では，数理論理学の考え方について順を追って理解を深める．

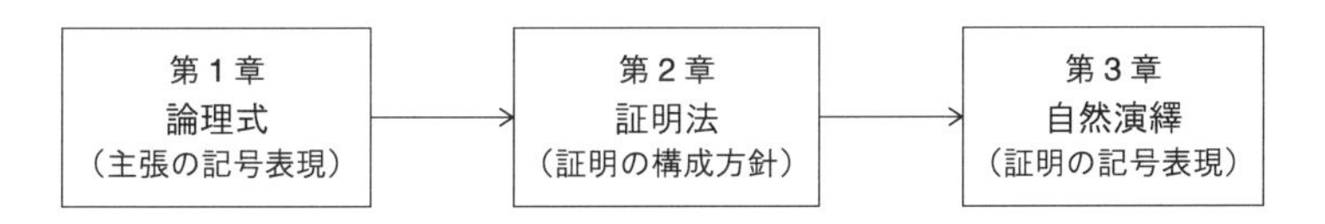


数学の主張を証明するときにまず大事なのは，問題となっている主張が何かを正しく把握することである．そこで第1章では，論理記号を使った式の読み書きを学ぶ．これは，筋道を立てて考えるための基本技術の一つである．主張を記号を使って論理式で適切に表せれば，証明すべきことを分析したり，内容を正しく理解したり，正確に伝えたりできるようになる．

数理論理学では，主張の記号表現からさらに一歩進んで，証明をも記号を使って表す．主張と証明の両方を記号表現することで，証明の仕組みを分析しやすくする．ただし証明の記号表現は，実際の証明から推論の骨組みだけを取り出したものなので，慣れないうちは記号の羅列に圧倒されてしまい，記号操作の意図がわかりにくい．そこで第2章では，証明を記号で表す前に，実際の数学の証明の組み立て方の基礎を学ぶ．これにより，まずは文章で筋道立てた証明を書けるようになる.

文章による数学の証明の書き方がわかれば，証明の記号表現が見通しよく簡潔なものであることを実感しやすい．そのうえで，図式を使った証明の系統的な組み立て方を学べば，一時的に設けた仮定が証明のどの部分で使えるのかなど，証明を作るときの細かな注意点もはっきりする．そこで第3章では，自然演繹という論理の枠組みに基づいた証明の図式表現を学ぶ.

## 対象とする読者

この本の読者としては，「数理論理学」や「離散数学」を学ぼうとしている大学生，あるいは高校生や一般の方を想定している.

また，数学的な主張を把握する力や，主張の論理構造に従って証明を作る力など，証明を読み書きするための基礎力を身に付けたい読者にも役立つだろう．とくに，問題を数学的に定式化するときや証明問題を解くときに，「手がかりがつかめない」「どう考えたらよいかわからない」という初学者の助けとなれば幸いである.

題材の選択や解説にあたっては，中学や高校で習う数学の基礎を知っていれば，内容を理解できるように配慮した．これは，解析学や代数学といった特定の理論の込み入った概念でつまずくことなく，問題の論理的な分析や証明の組み立て方に集中できるように，との考えに基づいている．扱う題材が物足りないと感じる読者は，この本で基本的な考え方を学びながら，興味のある専門分野での定式化や証明に応用してみてほしい.

## この本の特徴

冒頭でも述べたように，この本では，数学の問題を題材にして，数理論理学の初歩を解説する．数理論理学を通じて論理的に考える基礎力を付けることは，実際の数学の問題に取り組むうえでも役に立つ.

また，数理論理学で使われる複雑な考えや道具を無理なく理解できるように，段階的に学べる構成になっている．解説にあたっては，重要な考え方が豊富な具体例や例題を通して理解できるように心掛けた．専門用語の詰め込みは避けて，なるべくわかりやすく解説した.

さらに，読者が内容の理解度を確認できるように，本文中の適切な場所に確認問題が配置されている．すべての確認問題には，解答と解説が用意されている．解説を読むことで，実際の問題を解くときの注意点や，本文の補足事項を学べるよう配慮した．理解を定着させるために活用いただきたい．また，各章の最後には演習問題が用意されている．それまでに学んだことを活かして問題を解けるかどうか，試してみてほしい．

## 謝辞

本書は，三重大学工学部情報工学科の「数理論理学」という講義での配布資料や講義ノートを基にして執筆された．受講生から毎回の講義でいただいた質問や意見は，執筆にあたっても大いに役立った．この講義のすべての受講生の皆さんに，感謝の気持ちを表したい．

また，森北出版の福島崇史さんには，出版までの作業が順調に進むよう気配りいただき，原稿の構成や内容についての有益なご意見をいただいた．厚くお礼申し上げる．

2018 年 6 月

山田 俊行

# 目　次

## 第3章　自然演繹：記号を使って証明を表す

序　章

# 数理論理学とは

筋道を立ててものごとを考えるとき，人はどんな決まりごとに沿って考えているだろうか．数理論理学では，記号を使って主張や推論を表し，数学的に厳密な方法を使って，この問いに答える．

数理論理学がいったいどんな分野なのか，その説明の仕方にはいろいろありうるが，この本でとくに大切な視点について，具体例を通して考えてみよう．

## 数の法則の記号表現

小学校の算数や中学校の数学では，数や量を記号で表して，その基本性質を議論する．簡単な例としてすぐに思い浮かぶのは，足し算である．左のかごにリンゴが1個入っていて，右のかごにリンゴが2個入っているとする．左右のかごの中身を入れ替えても，リンゴの総数は変わらない．これは，数の等しさだけに注目するなら，具体例を使って文章で長々と書かなくても，数式で

$$1+2 = 2+1$$

と短く表せる．別の例として，5メートル前進してから3メートル後退することを考えよう．3メートル後退してから5メートル前進しても，出発点から進んだ距離は同じである．これも数式として，

$$5+(-3) = (-3)+5$$

と簡潔に書ける．これらのように計算が簡単なら，両辺の値をそれぞれ計算して一致するかを調べて，どちらの等式も正しいと確認できる．

さて，数を少し複雑な式に変えた次の等式の場合に，読者はどのように正しさを確かめるだろうか．

$$2^{10}+3^{10} = 3^{10}+2^{10}$$

もちろん，整数演算の計算規則を使って左辺と右辺の値を計算すれば，両辺の値が一致することを確かめられる．

$$\begin{aligned}
& 2^{10}+3^{10} \\
= \;& 1024+59049 \\
= \;& 60073 \\
= \;& 59049+1024 \\
= \;& 3^{10}+2^{10}
\end{aligned}$$

しかし，多くの読者は，このような計算をせずに，和の交換法則（どんな二つの整数についても，それらの数を入れ替えた和が変わらない）を使って等式が正しいと結論付けたのではないだろうか．

$$\begin{aligned}
& & & \text{[使った代数法則]} \\
& 2^{10}+3^{10} & & \\
= \;& 3^{10}+2^{10} & & (x+y = y+x)
\end{aligned}$$

つまり，和の交換法則を認めれば，両辺の値を計算して一致するかを調べるまでもなく，この等式が成り立つとわかる．

## 記号を使う利点

交換法則では，$x$ や $y$ という変数を使って，無限個ある整数についての性質を一つの式で代表させていることに注意しよう．「二つの整数を入れ替えても和が同じ」という性質だけを抜き出して（抽象化して）法則の形にまとめたものが，和の交換法則である．基本法則の正しさを一度証明しておけば，上の例のように，それを具体化して別の議論の一部に組み込んで使える．等式がもっと複雑になっても，その式に当てはまる法則（たとえば解の公式や指数法則）を使いこなせれば，式変形で知りたい結果を導ける．

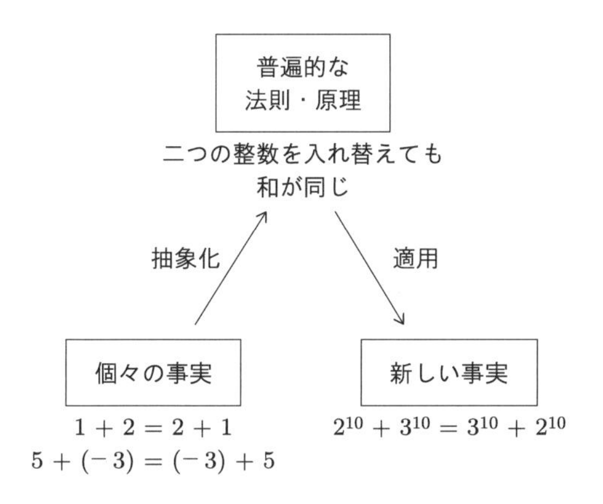


ほかにも記号を使う利点はいくつか挙げられる．

- 文章で表す場合に比べて，あいまいさや誤りを防いで，より厳密に議論できる．
- 原理を簡潔に表せるので，対象が扱いやすく議論を進めやすい．
- 望ましい性質があるか，という数学的な検証がしやすい．
- 計算という強力な手段が使え，解法がよく知られた単純な問題なら，コンピュータで自動的に解ける．

## 記号を使った推論

数や演算を記号で表すことは代数学や解析学でも行われるが，数理論理学では，数や演算だけでなく，いくつかの主張から別の主張を導く証明も記号で表す．これによって，つかみどころのない「思考の背景にある原理」や「論証の正しい進め方」といったものに記号表現という形を与えて，その仕組みをわかりやすくする．

記号操作による推論の簡単な例として，集合の性質を考えよう．集合の包含関係 $S \subseteq T$ は，集合 $S$ が $T$ の部分集合であることを表し，$S$ のどの要素も $T$ に属すことと定義される．このことは，記号を使って $\forall x\ (x \in S \Rightarrow x \in T)$ という式で表せる．集合論の記号 $\in$ は「属す」と読み，本書でこれから扱う論理記号である $\forall$ は「すべての」，$\Rightarrow$ は「ならば」と読む．つまり，この式は「すべての $x$ について，$x$ が $S$ に属すならば $x$ は $T$ に属す」と読める．したがって，$S \subseteq T$ を示すには，この読み方に沿って証明を進めればよい．

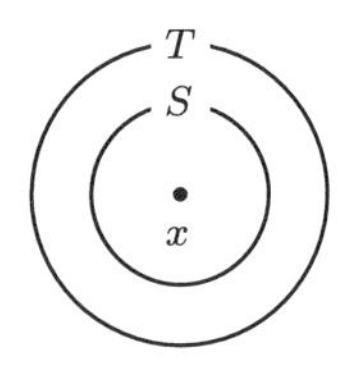


$S$ は $T$ の部分集合

それでは，「包含関係 $S \subseteq T$ が成り立たない」ということを示すには，何をすればよいだろうか．包含関係の否定は $S \not\subseteq T$ と書け，これを否定の論理記号 $\neg$ を使って式で表すと $\neg \forall x\ (x \in S \Rightarrow x \in T)$ となるが，これを証明するとなると，どこから手をつけてよいか迷うかもしれない．この本で学ぶ論理法則を使うと，否定の記号表現を次のように変形できる．

［使った論理法則］

| | | |
|---|---|---|
| | $\neg \forall x\ (x \in S \Rightarrow x \in T)$ | |
| $\Leftrightarrow$ | $\exists x\ \neg (x \in S \Rightarrow x \in T)$ | $(\neg \forall x\ A \Leftrightarrow \exists x\ \neg A)$ |
| $\Leftrightarrow$ | $\exists x\ \neg (\neg x \in S \lor x \in T)$ | $(A \Rightarrow B \Leftrightarrow \neg A \lor B)$ |
| $\Leftrightarrow$ | $\exists x\ (\neg\neg x \in S \land \neg x \in T)$ | $(\neg (A \lor B) \Leftrightarrow \neg A \land \neg B)$ |
| $\Leftrightarrow$ | $\exists x\ (x \in S \land \neg x \in T)$ | $(\neg\neg A \Leftrightarrow A)$ |

式変形の各行で使った論理法則は，同値の記号 $\Leftrightarrow$ の左右の式が論理的に同じであることを表す．式変形の途中に現れる記号 $\exists$, $\vee$, $\wedge$ はそれぞれ「ある」「または」「かつ」と読む．式変形の最後に得られた式 $\exists x\,(x \in S \wedge \neg\, x \in T)$ は，「ある $x$ について，$x$ が $S$ に属して，かつ，$x$ が $T$ に属さない」と読める．つまり，「$S$ が $T$ の部分集合ではない」は「$S$ に属して $T$ に属さない要素がある」と同じである．したがって，$S \not\subseteq T$ を示すには，この読み方に沿って証明を進めればよい．

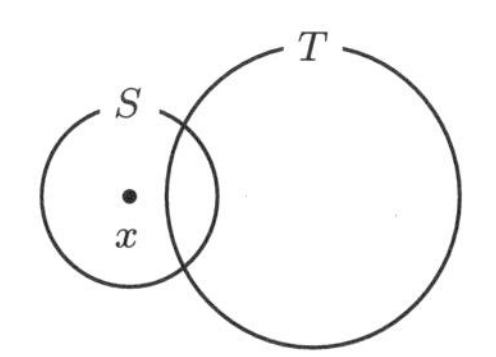


$S$ は $T$ の部分集合ではない

このように，数学の主張を記号で表すと，論理法則を使った式変形によって，内容を理解しやすい別の形にできる．慣れないうちは，短い式に情報が詰め込まれすぎて戸惑うかもしれない．しかし，代数や解析の法則を使った式変形に慣れることで方程式をスラスラ解けるようになるのと同じように，論理記号の読み書きや操作に慣れると，数学的な主張を論理的に分析する強力な手段になる．

また，証明も記号を使って表すことで，証明の各段階で何をしているかが明確になり，その構造が分析しやすくなる．この本で学ぶ自然演繹という推論の枠組みでは，先ほどの式変形を逆にたどって $\exists x\,(P(x) \wedge \neg Q(x))$ から $\neg \forall x\,(P(x) \Rightarrow Q(x))$ を導く思考過程を次の図式で表せる．

$$
\dfrac{
\dfrac{
\overset{1}{\exists x\,(P(x) \wedge \neg\, Q(x))}
\qquad
\dfrac{
\dfrac{
\dfrac{\overset{3}{P(a) \wedge \neg\, Q(a)}}{P(a)}\,\wedge\mathrm{E}_1
\quad
\dfrac{\overset{2}{\forall x\,(P(x) \Rightarrow Q(x))}}{P(a) \Rightarrow Q(a)}\,\forall\mathrm{E}
}{Q(a)}\,\Rightarrow\mathrm{E}
\quad
\dfrac{\overset{3}{P(a) \wedge \neg\, Q(a)}}{\neg\, Q(a)}\,\wedge\mathrm{E}_2
}{\bot}\,\Rightarrow\mathrm{E}
}{\bot}\,\exists\mathrm{E}\ 3
}{\neg\, \forall x\,(P(x) \Rightarrow Q(x))}\,\Rightarrow\mathrm{I}\ 2
$$

横線は証明の小さな 1 段階を表す．線の上の式から下の式が導かれ，線の右には推論に使った規則の名前が書かれている．図式中の $\bot$ という新しい記号は，証明の途中に矛盾が生じたことを表す．いまのところは，推論が記号を使って図式で表せることがわかれば十分である．

この図式で表されるような，証明の中で論理法則を使う部分や証明方針の説明の部分は，「あたりまえ」のこととして省かれることが多い．しかし，自分で証明を作るには，「あたりまえ」の部分も含めてすべてを考える必要がある．それには，上記のような図式が役に立つ．図式により，数学の主張に潜む論理構造を意識したり，論理構造に沿って証明を組み立てたりしやすくなるからである．

記号を使った証明の読み書きに親しんで，数理論理学のはじめの一歩を踏み出そう．

# 第1章

# 論理式

## 記号を使って主張を表す

筋道を立てて論理的に考えるには，まず，解決すべき問題が何かを正しく理解して，それを考えやすい形に整えて表すことが大切である．数理論理学では，論理式という記号表現を使って，推論の対象となる主張を表す．これにより，主張が正しいかどうかや，何を証明すべきかを分析しやすくする．

この章の大きな目標は，次の二つからなる．

- 論理記号を使った式を読み書きできる．
- 主張の真偽を，論理記号の意味に沿って判断できる．

## 1-1 命題と述語

論理学では，前提となる主張から結論の主張を導く，という形の推論をよく扱う．それらの主張は，命題や述語という基本単位から組み立てられる．そこでまずは，具体的な推論に現れる主張の形を分析して，命題や述語の取り出し方を理解しよう．

### 主張の形の分析

具体例として，次の簡単な推論を分析する．

4の倍数である整数は，みな偶数である．
8は4の倍数である．
――――――――――――――
よって，8は偶数である．

これは，横線の上にある二つの前提のもとで，横線の下にある結論が得られる，という推論である．この例と，次の推論の例の共通点は何だろうか．

必修である科目は，みな卒業に必要である．
数理論理学は必修である．
――――――――――――――
よって，数理論理学は卒業に必要である．

一方は整数について，もう一方は科目についての推論であり，何についての推論であるかはまったく異なる．しかし，どちらも「○○であるものは，みな□□である．××は○○である．よって，××は□□である．」という，一種の三段論法を使って結論を導いている．形だけに着目すれば，推論に共通の構造がある，ということである．

議論の対象（例では，8という整数や，数理論理学という科目）を定数の記号 $c$ や変数の記号 $x$ で表し，対象の性質（例では，4の倍数である，偶数である，必修である，卒業に必要である）を $P(x)$ や $Q(x)$ などの記号で表す．すると，先ほどの二つの推論の第一の前提は「$P(x)$ であるならば，常に $Q(x)$ である」あるいは「すべての $x$ について，$P(x)$ ならば $Q(x)$」と書け，第二の前提は「$P(c)$ である」と表せ，結論は「$Q(c)$ である」となる．この章で学ぶ論理式の記法を使って，「すべての $x$ について」を $\forall x$ で，「ならば」を $\Rightarrow$ で表せば，二つの推論に共通する三段論法は，次の簡潔な形にまとめられる．

$$\begin{array}{l} \forall x\,(P(x) \Rightarrow Q(x)) \\ P(c) \\ \hline Q(c) \end{array}$$

**例題 1.1** 上記の推論の形式に当てはまる，別の推論の例を作れ．

**解答** 公約数についての推論の例を示す．

24 と 60 の公約数である正整数は，みな 12 の約数である．
4 は 24 と 60 の公約数である．
――――――――――
よって，4 は 12 の約数である．

この推論では，対象 $c$ は 4 という正整数，正整数についての性質 $P(x)$ は「$x$ は 24 と 60 の公約数である」，$Q(x)$ は「$x$ は 12 の約数である」となっている．

**確認問題 1.1** **三段論法による推論の例**

例題 1.1 の推論の形式に当てはまる，推論の例をもう一つ作れ．また，作った例について，対象 $c$，性質 $P(x)$，性質 $Q(x)$ がそれぞれ何かを答えよ． ▶**解答は p.102**

## 命題

文を式で表すには，文中に潜む論理構造に注意する必要がある．まずは，単純な場合から始めて，徐々に複雑な文を記号で表せるようにしよう．

推論の基本となる単位は，一つの主張を表す文である．「1 は奇数である」や「2 は 7 の約数である」や「$2+3=4$」のように，「正しい」か「誤っている」かを判断できる文や式が主張や推論を組み立てる基礎になっている．正しいか誤りか，つまり，**真** (true) か**偽** (false) かの一方に決まることがらを**命題** (proposition) という．

**例題 1.2** 次の (1)〜(5) のそれぞれについて，命題であるなら○を記して真偽を述べ，命題でないなら×を記して理由を述べよ．

(1) 海は広い．

(2) 77 は素数である．

(3) 最小の素数．

(4) 西暦 2020 年はうるう年である．

(5) $x+y=xy$

**解答**　(1) ×，「海」が表す対象や「広い」という性質が不明確で，真偽が一方に決まらない．(2) ○，偽．(3) ×，真偽を問題にする文でない．(4) ○，真．(5) ×，変数が表す対象が不明確で，真偽が定まらない．

**確認問題 1.2**　**命題**

次の (1)〜(4) のそれぞれの式や文について，命題であるなら○を記して真偽を述べ，命題でないなら×を記して理由を述べよ．　▶**解答は p.102**

(1) $0 \leq 1$
(2) $\{0,1,2\} \cup \{2,3,4\}$
(3) $x \in \{0,1\}$
(4) 1 と 2 は偶数である．

命題を言葉で表すときは，「××は○○である」の形式で書けることが多い．つまり，「議論の対象となる××が，性質○○を満たすかどうか」という問いに「はい」か「いいえ」で答えられれば，命題といえる．

## 述語

この節の始めの推論で出てきた「8 は偶数である」という文は，「整数 8 という対象について，偶数であるという性質を満たすか」という問いに真か偽かで答えられる形なので，命題である．一方，「$x$ は偶数である」の形で，対象を変化させたときの性質の真偽の変化や，性質が成り立つための対象についての条件を考える場合もある．「8 は 4 の倍数である」という命題に現れる整数を変数に置き換えて，「$x$ は 4 の倍数である」や「8 は $y$ の倍数である」といった主張にすると，変数 $x$ や $y$ の値に応じて真偽が変わる．さらに，「$x$ は $y$ の倍数である」という文を作れば，$x$ と $y$ の間の関係を表せる．このように，$n$ 個の対象に応じて真偽が決まることがらを，$n$ 変数の**述語** (predicate) という．$n$ 変数の述語を $n$ 項関係とよぶこともある．

命題・述語・性質・関係・条件 という用語の使い方は，次のように整理できる．

| | | |
|---|---|---|
| 0 変数の述語 | ⋯ | 命題 |
| 1 変数の述語 | ⋯ | （対象の）性質，条件 |
| 2 変数の述語 | ⋯ | （2 個の対象に着目した）関係，条件 |
| ⋮ | | ⋮ |
| $n$ 変数の述語 | ⋯ | （$n$ 個の対象に着目した）関係，条件 |

命題が 0 変数の述語であることに注意しよう．

## 1-2 論理式

論理的な主張の基本単位である命題や述語を文中から見つけるには，どんな対象のどんな性質を議論しているかに注意して，「……は……である」という形の部分を取り出せばよい，ということを前の節で学んだ．この節では，主張の記号表現である論理式の組み立て方を学ぶ．とくに，命題や述語を結び付ける論理結合子という記号 ($\neg, \wedge, \vee, \Rightarrow, \Leftrightarrow$) の意味と使い方を理解する．

### 複雑な文の分析

複雑な主張は，命題や述語を組み合わせて作る．この考え方に沿って，少し込み入った次の文の組み立てを分析してみよう．

$$2 \text{ も } n+1 \text{ も } 15 \text{ の約数とはいえない．}$$

「……は……である」の形が直接現れない文では，議論の対象やその性質に注意して別の言い回しに変えて，述語を取り出す．文中に現れる対象を括弧で囲むとわかりやすい．整数の性質を述べる文では，整数を表す部分を ( ) で囲む．

$$(2) \text{ も } ((n)+(1)) \text{ も } (15) \text{ の約数とはいえない．}$$

整数を表す式 $n+1$ の中で，対象を表す ( ) が入れ子になっていることに注意しよう．「……は……の約数である」という述語を抽出するため，文を注意深く分析すると，もとの文が次の (A), (B) の 2 通りに読めることに気付く．

$$(2) \text{ も } ((n)+(1)) \text{ も } (15) \text{ の約数，とはいえない．} \quad \cdots \quad \text{(A)}$$
$$(2) \text{ も } ((n)+(1)) \text{ も，} (15) \text{ の約数とはいえない．} \quad \cdots \quad \text{(B)}$$

読点の位置が違うだけだが，内容はまったく異なる．例として $n$ が 4 のときの真偽を考えると，(A) と (B) の違いがわかる．2 は 15 の約数ではないので，2 と $n+1$ の両方とも 15 の約数，とはいえない．つまり (A) は真である．一方，$n+1$ は 5 であり 15 の約数だから，「15 の約数とはいえない」に反する．つまり，(B) は偽である．まとめると，(A) は「両方とも約数であるという性質が成り立たない」と主張し，(B) は「両方とも非約数である」と主張している．

論理構造の分析により，文のあいまいさに気付くことができた．ここでは，(A) の読み方を採用して分析を続けよう．（変数の値に応じて）真か偽かが定まる述語の範囲を明確にするため，言い回しを変えて述語を [　] で囲む．その結果，次の文が得られる．

$$\Big[\,[\,[\,(2)\ \text{は}\ (15)\ \text{の約数}\,]\ \text{かつ}\ [\,((n)+(1))\ \text{は}\ (15)\ \text{の約数}\,]\,],\ \text{とはいえない}\Big].$$

整数を表す式 $n+1$ で対象を表す (　) が入れ子になるのと同様に，命題や述語を表す [　] も入れ子になる．このように，命題や述語を「かつ」や「とはいえない」などの言葉でつなぎ合わせて，より大きな命題や述語を作れる．

**例題 1.3**　次の文を分析し，対象と述語をそれぞれ (　) と [　] で囲んで示せ．

$x+1$ が奇数ならば，$x$ は奇数ではない．

**解答**　[ [ $((x)+(1))$ が奇数] ならば，[ [ $(x)$ は奇数] ではない ] ].

**確認問題 1.3**　**文の分析**

次の文を分析し，対象と述語をそれぞれ (　) と [　] で囲んで示せ．

$x, y$ が奇数のとき $x-y$ は偶数である．

ただし，述語の範囲が明確になるように，必要に応じて文を言い換えること．　▶**解答は p.102**

## 論理結合子と論理式

命題や述語を組み合わせるために使う記号や言葉を**論理結合子** (logical connective) という．この本では，以下の論理結合子を使う．

| | | |
|---|---|---|
| $\neg A$ | **否定** (negation) | $A$ でない |
| $A \land B$ | **連言**（れんげん） (conjunction) | $A$ かつ $B$ |
| $A \lor B$ | **選言**（せんげん） (disjunction) | $A$ または $B$ |
| $A \Rightarrow B$ | **含意**（がんい） (implication) | $A$ ならば $B$ |
| $A \Leftrightarrow B$ | **同値** (equivalence) | $A$ と $B$ は同値 |

命題（や述語）を組み合わせてできる，より大きな命題（や述語）を，複合命題（や複合述語）という．また，記号を使って表した複合述語を**論理式** (logical formula) とよぶ.

**例題 1.4**　例題 1.3 で分析した次の文を論理式で表せ.

$x+1$ が奇数ならば, $x$ は奇数ではない.

ただし,「$x$ は奇数である」という述語を $x$ : 奇 で表すこと.

**解答**　例題 1.3 での文の分析に沿って, 述語を論理結合子でつなぐことにより, 論理式 $[\,[\,((x)+(1))$ : 奇$\,]\Rightarrow[\,\neg\,[\,(x)$ : 奇$\,]\,]\,]$ を得る. 普通は, 括弧を省いて単に

$$x+1 : 奇 \;\Rightarrow\; \neg\; x : 奇$$

と表す.

**確認問題 1.4**　**論理結合子を使う論理式**

$x$ が $y$ の約数であることを $x \mid y$ と表す. 次の各文を論理式で表せ.　▶**解答は p.102**

(1) 2 は 4 の約数であり, かつ, 2 は 3 の約数ではない.
(2) 12 は, 2 と 3 の倍数だが, 128 や 256 の約数ではない.

**確認問題 1.5**　**あいまいな主張の定式化**

p.11 の (B) の主張を論理式で表せ.　▶**解答は p.103**

## 真理表による論理結合子の意味付け

論理式中に含まれる命題（や変数の値を固定した述語）の真偽が決まると, 論理式全体の真偽が定まる. 論理式が偽であることを 0, 論理式が真であることを 1 で表すと, 各論理結合子に関する真偽は, 以下のように表で表せる.

論理式 $A$ に対する否定（$A$ でない）は, $A$ の真偽を反転する.

| $A$ | $\neg A$ |
|---|---|
| 0 | 1 |
| 1 | 0 |

論理式 $A$ と $B$ の連言（$A$ かつ $B$）は, $A$ と $B$ がともに真のときだけ真で, ほかの場合は偽である.

| $A$ | $B$ | $A \wedge B$ |
|---|---|---|
| 0 | 0 | 0 |
| 0 | 1 | 0 |
| 1 | 0 | 0 |
| 1 | 1 | 1 |

この表から連言は「一方が偽なら，他方に関係なく偽」といってもよい．この表は，掛ける数を 0 か 1 に限定した整数の積と同じなので，連言には論理積という別名もある．

選言（$A$ または $B$）は，$A$ と $B$ の少なくとも一方が真のとき真で，両方が偽のときだけ偽である．

| $A$ | $B$ | $A \vee B$ |
|---|---|---|
| 0 | 0 | 0 |
| 0 | 1 | 1 |
| 1 | 0 | 1 |
| 1 | 1 | 1 |

この表から選言は「一方が真なら，他方に関係なく真」といってもよい．この表は，足す数を 0 か 1 に限定した整数の和に似ているので，選言には論理和という別名もある．

含意（$A$ ならば $B$）は，前提 $A$ が真で結論 $B$ が偽のときだけ偽で，ほかの場合は真である．

| $A$ | $B$ | $A \Rightarrow B$ |
|---|---|---|
| 0 | 0 | 1 |
| 0 | 1 | 1 |
| 1 | 0 | 0 |
| 1 | 1 | 1 |

この表から含意は「前提が偽なら結論に関係なく真，結論が真なら前提に関係なく真」といってもよい．

同値（$A$ と $B$ は同値）は，左辺 $A$ と右辺 $B$ の真偽が同じなら真で，異なれば偽である．

| $A$ | $B$ | $A \Leftrightarrow B$ |
|---|---|---|
| 0 | 0 | 1 |
| 0 | 1 | 0 |
| 1 | 0 | 0 |
| 1 | 1 | 1 |

以上のように，真偽の表を使うことで，論理式の真偽という観点から論理結合子の意味を正確に記述できる．このような，基本命題の真偽の各組み合わせに対する複合命題の真偽の一覧表を**真理表** (truth table) という．

**例題 1.5** 次の各論理式について，$A$, $B$ の真偽のすべての組み合わせに対する論理式全体の真理表を作れ．

(1) $(\neg A) \vee B$

(2) $(A \wedge (A \Rightarrow B)) \Rightarrow B$

**解答** (1) 論理式の部分から全体に向けて，（内側の小さな式から順に）真偽を計算する．

| $A$ | $B$ | $\neg A$ | $(\neg A) \vee B$ |
|---|---|---|---|
| 0 | 0 | 1 | 1 |
| 0 | 1 | 1 | 1 |
| 1 | 0 | 0 | 0 |
| 1 | 1 | 0 | 1 |

まず，部分式である $\neg A$ の真偽を計算する．これは，$A$ の真偽を反転したものである．次に，$\neg A$ と $B$ の選言の真偽を，すでに計算した $\neg A$ の真偽と，$B$ の真偽と，論理結合子 $\vee$ の真理表を使って，1 行ずつ求める．たとえば，1 行目は，$\neg A$ が 1, $B$ が 0 だから，論理結合子 $\vee$ の表の 3 行目から，$(\neg A) \vee B$ は 1 である．$\neg A$ が真なので，$B$ の真偽によらず結果が真である，と考えてもよい．論理式全体の真偽が含意 $A \Rightarrow B$ の真理表と同じであることに注意する．

(2) (1) と同様に計算する．部分式を分けて書かずに，論理結合子の下に真偽を記入すると，同じ式を繰り返し書く手間が省ける．

| $A$ | $B$ | $(A\wedge$ | $(A\Rightarrow B))$ | $\Rightarrow B$ |
|---|---|---|---|---|
| 0 | 0 | 0 | 1 | 1 |
| 0 | 1 | 0 | 1 | 1 |
| 1 | 0 | 0 | 0 | 1 |
| 1 | 1 | 1 | 1 | 1 |

まず，一番小さな（内側の）論理式である $A\Rightarrow B$ の真偽を求め，結果を $A\Rightarrow B$ の $\Rightarrow$ の下（結果の欄の中央の列）に書く．次に大きい部分式である $A\wedge(A\Rightarrow B)$ については，$A$ と $A\Rightarrow B$ との連言の真偽を求め，結果を $\wedge$ の下（結果の欄の左の列）に書く．論理式全体の真偽は，この表では一番右の列に示される．与えられた論理式は，$A, B$ の真偽によらず常に真である．

**確認問題 1.6**　**真理表**

命題 $(A\Rightarrow B)\wedge(B\Rightarrow A)$ について，以下の問いに答えよ．　▶**解答は p.103**

(1) この命題の真理表を書け．

(2) この命題と真理表の結果が一致する命題を一つ挙げよ．ただし，記号数が最小のものを挙げること．

## 恒真性と論理同値性

命題が常に正しいかどうかは，真偽の計算によって判定できる．命題と論理結合子から作られる論理式が**恒真** (valid) であるとは，各命題の真偽のどの組み合わせに対しても，論理式全体が真である（つまり，真理表のすべての行が 1 になる）ことをいう．たとえば，例題 1.5 の結果から $A\wedge(A\Rightarrow B)\Rightarrow B$ は恒真である．

二つの論理式が**論理同値** (logically equivalent) であるとは，各命題の真偽のどの組み合わせに対しても二つの論理式の真偽が一致する（つまり，真理表で結果が一致する）ことをいう．論理同値な二つの命題は，たがいに置き換えても真偽が変わらない．このことを使えば，論理式を直接証明するのが難しい場合に，より証明しやすい別の論理式に置き換えられる．

**例題 1.6**　命題 $(A\vee B)\wedge A$ と論理同値な命題の例を挙げよ．

**解答**　次の真理表より，$(A\vee B)\wedge A$ は $A$ と論理同値である．

| $A$ | $B$ | $(A \lor B) \land A$ |
|---|---|---|
| 0 | 0 | 0 |
| 0 | 1 | 0 |
| 1 | 0 | 1 |
| 1 | 1 | 1 |

ほかにも，$A$ と論理同値な $\neg\neg A$ や，もとの命題自身 $(A \lor B) \land A$，もとの命題より複雑な $(A \land A) \lor (B \land A)$ などとも論理同値である．

**確認問題 1.7　論理同値**

論理同値な命題についての以下の問いに答えよ．　▶**解答は p.103**

(1) 命題 $\neg A \Rightarrow \neg B$ と論理同値な命題の例を挙げよ．ただし，含意 $\Rightarrow$ を使った，なるべく単純なものを答えること．

(2) 二つの複合命題 $A$ と $B$ が論理同値のときの，同値命題 $A \Leftrightarrow B$ の真理表の特徴を述べよ．

## 1-3 全称と存在

前の節で，論理式を組み合わせてより大きな論理式を作るための論理結合子について学んだ．この節では，より複雑な主張を作るもう一つの方法である量化を学ぶ．2 種類の量化の記号 $(\forall, \exists)$ を使うと，数学でよく使う「すべての……は……である」や「ある……は……である」という言い回しを論理式で書ける．

### 「すべて」や「ある」を含む文の分析

述語を使って数学の主張を表すとき，条件がいつでも成り立つかや，条件を満たす対象があるのかを問題にすることが多い．たとえば，恒等式 $x^2 - 1 = (x+1)(x-1)$ は，

$$\text{すべての } x \text{ について } x^2 - 1 = (x+1)(x-1)$$

ということを意味しており，方程式 $x^2 - 1 = 0$ が解をもつというのは，

$$x^2 - 1 = 0 \text{ を満たす } x \text{ がある}$$

という意味である．二つの主張を前の節の方法で分析してみよう．等式の部分は，どちらも $x$ に応じて真偽が定まる 1 変数述語ととらえられる．ほかの部分

について，対象を表す括弧 ( ) と述語を表す [ ] を補えば，それぞれ次のようになる．

$$\big[\ \text{すべての}\ (x)\ \text{について}\ [x^2 - 1 = (x+1)(x-1)]\ \big]$$

$$\big[\ [x^2 - 1 = 0]\ \text{を満たす}\ (x)\ \text{がある}\ \big]$$

前の節で学んだ論理結合子と同様に，小さな述語から大きな述語が作られている．論理結合子が述語どうしを結び付けたのに対して，ここでは，対象と述語を結合して大きな述語が作られていることに注意しよう．

## 量化子

「すべて」や「ある」という言い回しを含む文を論理式として簡潔に表すには，次の記号を使う．

| | | |
|---|---|---|
| $\forall x\ A$ | **全称** | すべての $x$ について $A$ |
| $\exists x\ A$ | **存在** | ある $x$ について $A$ |

全称は all の意味から A を上下逆さにした記号 ∀ を使い，存在は exist の意味から E を左右反転した記号 ∃ を使う，と覚えるとよい．二つの記号を合わせて**量化子** (quantifier) という．つまり，∀ は**全称量化子** (universal quantifier)，∃ は**存在量化子** (existential quantifier) である．

**例題 1.7**　次の各文を，量化子を使った論理式で表せ．

(1) $x^2$ は常に非負である．

(2) 4 は $2x$ の形に表せる（すなわち，4 は偶数）．

**解答**　(1) は「すべての $x$ について，$x^2$ は負ではない」と言い換えられるので，論理式は $\forall x\ \neg\ x^2 < 0$．あるいは，「$x$ は非負である」という述語を $x \geq 0$ と書いて，$\forall x\ x^2 \geq 0$ と表してもよい．

(2) は「$4 = 2x$ を満たす $x$ がある」と言い換えられるので，論理式は $\exists x\ 4 = 2x$．

**確認問題 1.8**　**量化子のある論理式**

整数の積・に関する次の各命題を，全称 ∀ や存在 ∃ の記号を使って論理式で表せ．　▶**解答は p.104**

(1) 任意の $x$ について，$x \cdot x$ は 0 以上である．

(2) $x \cdot x$ が 9 と等しくなる $x$ が存在する．

(3) $x \cdot x + x = x \cdot (x+1)$ は恒等式である．

(4) 方程式 $x \cdot x + x = 0$ を満たす解がある.
(5) 積は交換法則を満たす.
(6) 4 は $3 \cdot x \cdot y$ の形には表せない.

## 論理記号のまとめ

前の節やこの節で論理結合子や量化子を導入したとき，記号の名前とその読み方を紹介した．実際の数学の主張で使われる文では，紹介した以外の言葉を使うことも多い．論理式を読み書きするとき，記号のさまざまな読み方を知っておくと役立つ．

| | | |
|---|---|---|
| 肯定 | $A$ | $A$ である，$A$ を満たす，$A$ が成り立つ |
| 否定 | $\neg A$ | $A$ ではない，$A$ を満たさない，$A$ が成り立たない |
| 連言 | $A \wedge B$ | $A$ かつ $B$，$A$ でありしかも $B$，$A$ と $B$ がともに成り立つ |
| 選言 | $A \vee B$ | $A$ または $B$，$A$ と $B$ の少なくとも一方が成り立つ |
| 含意 | $A \Rightarrow B$ | $A$ ならば $B$，$A$ のとき $B$，$A$ のために $B$ が必要，<br>$B$ のときに限り $A$，$B$ のためには $A$ で十分 |
| 同値 | $A \Leftrightarrow B$ | $A$ と $B$ は同値，$A$ のときかつそのときに限り $B$，<br>$A$ のためには $B$ で必要十分，$B$ のためには $A$ で必要十分 |
| 全称 | $\forall x\, A$ | すべての $x$ に対して $A$，各 $x$ に対して $A$，<br>任意の $x$ について $A$，どんな $x$ をとっても $A$ |
| 存在 | $\exists x\, A$ | ある $x$ に対して $A$，一つ以上の $x$ に対して $A$，<br>$A$ を満たす $x$ が存在する |

## 対象領域

全称や存在の量化子を使うときは，変数がどの範囲を動くかに気を付ける必要がある．たとえば，方程式 $(x+1)^2 = 0$ に解があるかを考えると，変数 $x$ が整数全体や実数全体を動く場合には解がある $(x = -1)$．しかし，この方程式が非負整数 $x$ についての方程式だとすると，解は存在しない．つまり，$x$ の値のとり得る範囲を明確にしないと，論理式 $\exists x\, (x+1)^2 = 0$ の真偽が定まらない．そこで，定数や変数を含む論理式の真偽を考えるときは，対象の（空でない）全体集合を決めて，定数や変数の値としてこの集合に属するものだけを扱う．このような，対象の動く範囲のことを，**対象領域** (domain) とよぶ．

## 1-4 述語と集合との対応

これまでの節で，数学の主張を記号で表すための基本的な道具がそろった．主張を論理式で表すには，命題や述語を基本単位として，論理結合子や量化子を使って組み立てればよい．しかし，複雑な主張は，論理式で表すのが難しいこともある．そこでこの節では，「性質や条件が成り立つ対象の全体がどんな集合なのか」という点から，論理式の意味を考えよう．

### 否定に対応する集合

性質を満たす対象を円の中に入れて集合を図示するとわかりやすい．まずは，考えやすいように，0 から 9 までの 10 個の整数だけを対象として，「偶数である」という簡単な述語について調べる．図 1.1 の円内の白い部分が整数 10 個のうちの偶数からなる集合 $\{0, 2, 4, 6, 8\}$ を表し，影の付いた円外の部分が偶数以外からなる集合 $\{1, 3, 5, 7, 9\}$ を表すとする．このとき，影付き部分は，もとの述語の否定「偶数ではない」を満たす対象の全体を表すことになる．

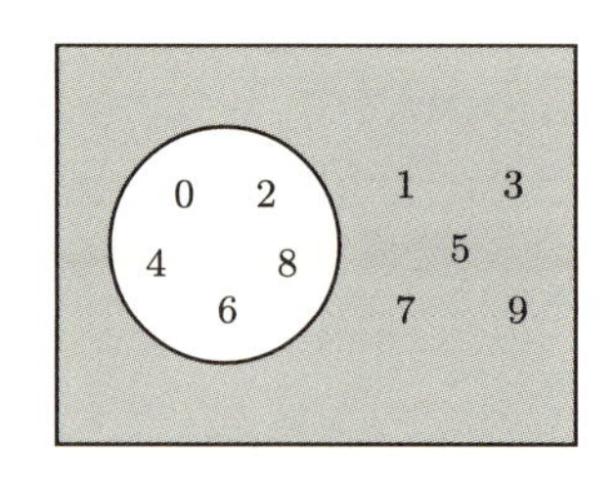


図 1.1　否定に対応する補集合

一般の場合を考えよう．対象の全体集合（つまり対象領域）を $U$ で表し，述語 $P(x)$ が成り立つ対象 $x$ をすべて集めた集合を $S = \{x \in U \mid P(x)\}$ で表す．このとき，もとの述語の否定 $\neg P(x)$ を満たす対象の全体 $\{x \in U \mid \neg P(x)\}$ は，もとの集合の補集合 $S^{\mathrm{c}}$ である．つまり述語の否定は，対象の集合で考えると，補集合を求める演算に対応する．

## 連言と選言に対応する集合

連言と選言に対応する集合演算は，共通部分と和集合である．左の円内が上記と同じ偶数の集合 $\{0,2,4,6,8\}$ で，右の円内が述語「3 の倍数である」に対応する集合 $\{0,3,6,9\}$ のときを考える．すると，連言「偶数かつ 3 の倍数」を満たす対象を集めた $\{0,6\}$ と選言「偶数または 3 の倍数」を満たす対象を集めた $\{0,2,3,4,6,8,9\}$ は，それぞれ図 1.2 と図 1.3 の影付き部分に対応することになる．

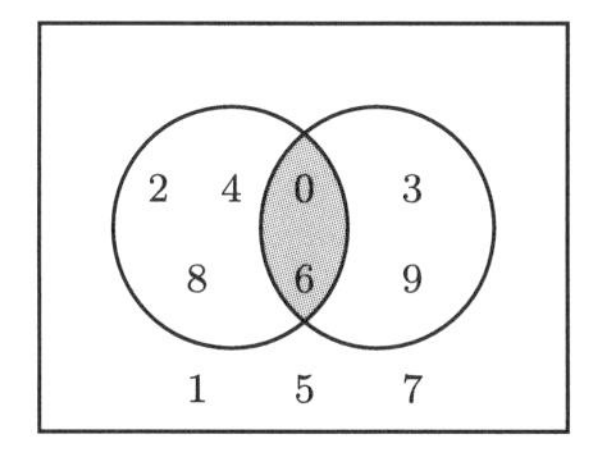


図 1.2　連言に対応する共通部分

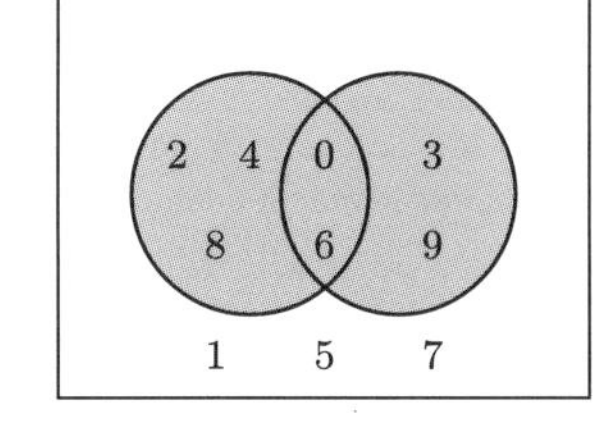


図 1.3　選言に対応する和集合

一般の場合を考えよう．述語 $P(x)$ と述語 $Q(x)$ を満たす対象全体の集合を $S = \{x \in U \mid P(x)\}$ と $T = \{x \in U \mid Q(x)\}$ で表す．このとき，二つの述語の連言 $P(x) \wedge Q(x)$ と選言 $P(x) \vee Q(x)$ を満たす対象の全体 $\{x \in U \mid P(x) \wedge Q(x)\}$ と $\{x \in U \mid P(x) \vee Q(x)\}$ は，それぞれ二つの集合の共通部分 $S \cap T$ と和集合 $S \cup T$ である．

## 真理集合による量化子の意味付け

一般に，述語が成り立つ対象をすべて集めた集合を**真理集合** (truth set) とよぶ．つまり，述語 $P(x)$ の真理集合は $\{x \in U \mid P(x)\}$ である．この用語を使ってこれまで見てきたことをまとめると，述語の否定・選言・連言の真理集合は，それぞれもとの述語の真理集合の補集合・和集合・共通部分である，と表現できる．

次に，全称と存在の量化子の意味を，真理集合を使って考えよう．「全称命題 $\forall x\, P(x)$ が真」というのは，「対象領域のすべての $x$ について述語 $P(x)$ が真」ということだから，このとき $P(x)$ の真理集合は対象領域全体である．また，「存在命題 $\exists x\, P(x)$ が真」というのは，「対象領域のある $x$ について述語 $P(x)$ が真」ということだから，このとき $P(x)$ の真理集合に少なくとも一つの対象がある．つまり，$P(x)$ の真理集合は非空である．

対象領域が $U = \{0,1,2,3,4,5\}$，述語が $x \leq 5$ と $2 \mid x$ の場合で量化子の意味

を確かめよう（ただし，$2\,|\,x$ は「2 は $x$ の約数である」つまり「$x$ は偶数」を表す）．$x \leq 5$ の場合，対象領域のすべての整数 $x$ が「$x$ が 5 以下」を満たすから，述語 $x \leq 5$ の真理集合は $\{0,1,2,3,4,5\}$，つまり対象の全体集合 $U$ であり，このときたしかに全称命題 $\forall x\ x \leq 5$ は真である．あるいは，真理集合の補集合が空であるともいえる．また，$2\,|\,x$ の場合，対象領域の $0, 2, 4$ が「$x$ が偶数」を満たすから，述語 $2\,|\,x$ の真理集合は $\{0,2,4\}$ という非空集合であり，このときたしかに存在命題 $\exists x\ 2\,|\,x$ は真である．述語を満たす対象を円内に書くと，図 1.4，図 1.5 のようになる．

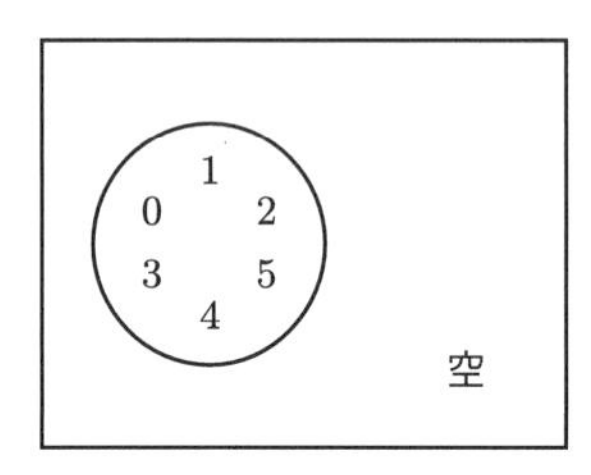


図 1.4　$\forall x\ x \leq 5$ は真

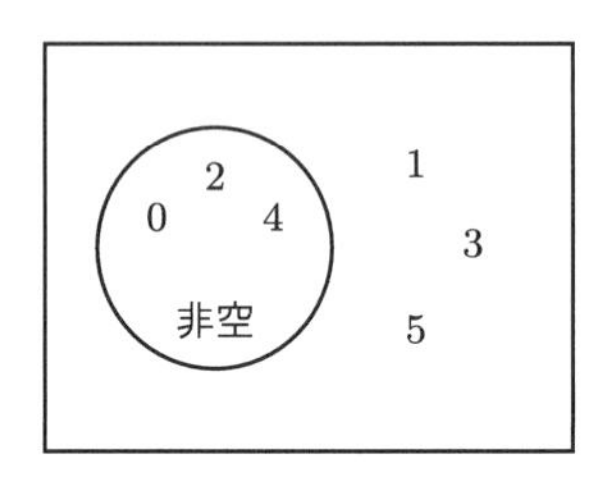


図 1.5　$\exists x\ 2\,|\,x$ は真

一方，「全称命題 $\forall x\, P(x)$ が偽」というのは，対象領域のすべての $x$ については述語 $P(x)$ が真とならない，つまり「$P(x)$ が偽となる $x$ がある」ということである．このとき，$\neg P(x)$ の真理集合に少なくとも一つの対象がある．つまり，$P(x)$ の真理集合の補集合が非空である．また，「存在命題 $\exists x\, P(x)$ が偽」というのは，述語 $P(x)$ が真となる対象領域の $x$ が一つもない，つまり，「対象領域のすべての $x$ について述語 $P(x)$ が偽」ということである．このとき，$P(x)$ の真理集合が空である．先ほどと同じ対象領域 $U = \{0,1,2,3,4,5\}$ の場合で確かめよう．述語「$x$ は正」は $x$ が 0 以外で成り立つから，$x > 0$ の真理集合は $\{1,2,3,4,5\}$，その補集合 $\{0\}$ はたしかに非空である．また，述語「$x$ は負」が成り立つ $x$ は対象領域には存在せず，$x < 0$ の真理集合はたしかに空である．これらは，図 1.6，図 1.7 のようになる．

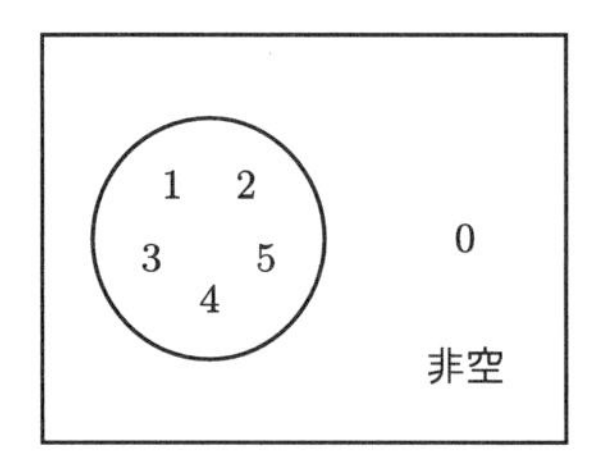


図 1.6　$\forall x\ x > 0$ は偽

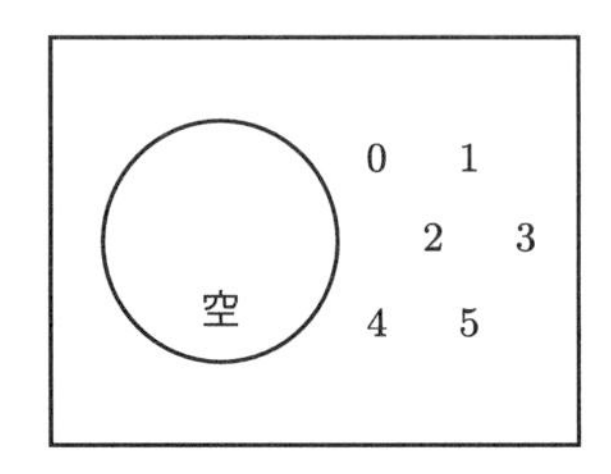


図 1.7　$\exists x\ x < 0$ は偽

**確認問題 1.9　真理集合と量化**

対象領域を $U = \{0, 1, 2, 3, 4, 5, 6\}$ とする述語 $P(x)$ が (a) $x$ は 0 以上，(b) $x$ は 6 未満，(c) $x$ は奇数，(d) $x$ は 1 と等しい，(e) $x$ は負，のそれぞれの場合について，次の問いに答えよ．▶**解答は p.104**

(1) $P(x)$ の真理集合を，要素を並べた形（たとえば，$P(x)$ が「$x$ は素数」なら $\{2, 3, 5\}$）で表せ．
(2) 全称命題 $\forall x\, P(x)$ の真偽を答えよ．
(3) 存在命題 $\exists x\, P(x)$ の真偽を答えよ．

対象領域が有限集合 $\{c_1, \ldots, c_n\}$ の場合に，$\forall x\, P(x)$ は $P(c_1) \wedge \cdots \wedge P(c_n)$ と同等で，$\exists x\, P(x)$ は $P(c_1) \vee \cdots \vee P(c_n)$ と同等である．このことを使うと，連言や選言からなる規則的で長い論理式が，量化子を使って短く表せることがある．逆に，全称や存在を使った論理式の意味がわかりにくいとき，まず，対象領域が有限集合の場合の連言や選言としてとらえると，手がかりをつかめることもある．

## 含意と同値を集合でとらえる準備

ここまでで，否定・連言・選言という論理結合子と，全称・存在という量化子について，それぞれの意味を真理集合を使って理解した．残りの論理結合子である含意と同値は，基本的な集合演算には対応していない．そこで，真理集合を調べる準備として，次の例題を解いてみよう．

**例題 1.8**　対象 $x$ が述語 $P(x)$ と $Q(x)$ を満たすような対象領域 $U$ の部分集合を，そ

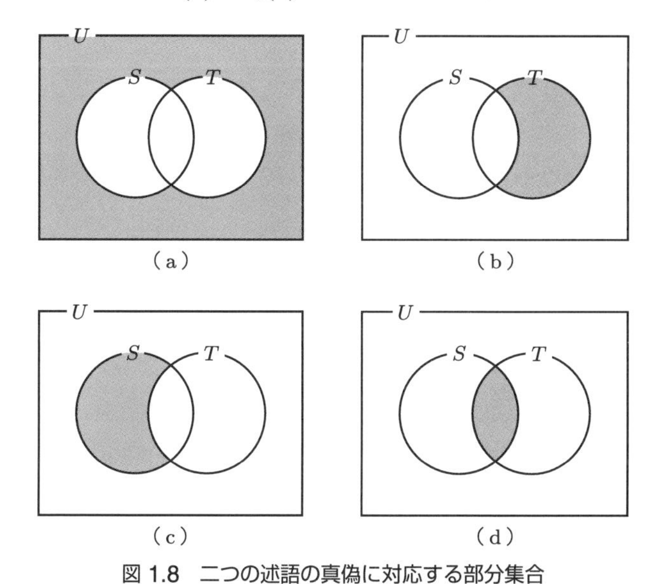


図 1.8　二つの述語の真偽に対応する部分集合

れぞれ $S, T$ とよび，図 1.8(a)〜(d) の左と右の円で表す．各図の影付き部分の集合を，$S$ と $T$ を使った集合の式で表せ．また，同じ集合を $\{x \in U \mid \boxed{\phantom{xxxx}}\}$ の形に表すとき，空欄に入る論理式を $P(x)$ と $Q(x)$ を使って表せ．

**解答**　(a) 白い部分は和集合 $S \cup T$ だから，影付き部分はその補集合 $(S \cup T)^{\mathrm{c}}$ である．よって，空欄の論理式は選言の否定 $\neg(P(x) \vee Q(x))$ である．別のとらえ方をすれば，影付き部分は左の円外と右の円外との共通部分 $S^{\mathrm{c}} \cap T^{\mathrm{c}}$ だから，論理式は $\neg P(x) \wedge \neg Q(x)$．以下，同様にして求められる．(b) $S^{\mathrm{c}} \cap T$ と $\neg P(x) \wedge Q(x)$．(c) $S \cap T^{\mathrm{c}}$ と $P(x) \wedge \neg Q(x)$．(d) $S \cap T$ と $P(x) \wedge Q(x)$．

例題の図 (a)〜(d) の影付き部分の各集合と，述語の真偽との対応を調べる．(a) の集合は，解答の $\neg P(x) \wedge \neg Q(x)$ から，$\neg P(x)$ と $\neg Q(x)$ がともに真となる対象 $x$ の全体だとわかる．つまり，(a) の集合は，$P(x)$ と $Q(x)$ がともに偽となる対象 $x$ の全体である．同様に，集合に対応する論理式から，(b), (c), (d) の集合はそれぞれ，$P(x)$ が偽で $Q(x)$ が真，$P(x)$ が真で $Q(x)$ が偽，$P(x)$ と $Q(x)$ がともに真，の対象全体である．対応表は次のとおりである．

| $P(x)$ | $Q(x)$ | 対象の集合 |
|---|---|---|
| 0 | 0 | (a) |
| 0 | 1 | (b) |
| 1 | 0 | (c) |
| 1 | 1 | (d) |

この表を使って，選言の真理集合を再確認しよう．$P(x)$ と $Q(x)$ の選言は，少なくとも一方が真のときに真だから，真理表は最初の 1 行だけ偽で，残りの 3 行が真である．したがって，選言 $P(x) \vee Q(x)$ が真となる対象は，例題 1.8 の集合 (a) 以外の部分 (b), (c), (d) にある．これら三つの影付き部分の全体は，たしかに図 1.3 の和集合に対応する．

## 含意と同値に対応する集合

上記の準備をもとに，含意と同値の真理集合を調べてみよう．これまでと同様に，述語 $P(x), Q(x)$ を満たす対象 $x$ の全体を，図の左右の円で表す．1.2 節で学んだように，含意 $P(x) \Rightarrow Q(x)$ は，前提 $P(x)$ が真で結論 $Q(x)$ が偽のときだけ偽で，その他は真である．よって，含意を満たす対象全体 $\{x \in U \mid P(x) \Rightarrow Q(x)\}$

は，例題 1.8 の集合 (c) 以外の部分，つまり図 1.9 の影付き部分となる．また，同値 $P(x) \Leftrightarrow Q(x)$ は，両辺の真偽が一致するときだけ真である．よって，$P(x)$ と $Q(x)$ が同値となる対象全体 $\{x \in U \mid P(x) \Leftrightarrow Q(x)\}$ は，例題 1.8 の (a) と (d) を合わせた部分，つまり図 1.10 の影付き部分となる．

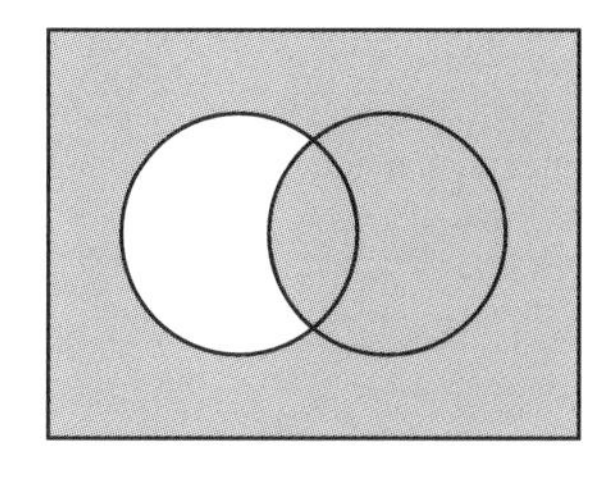

図 1.9　含意の真理集合

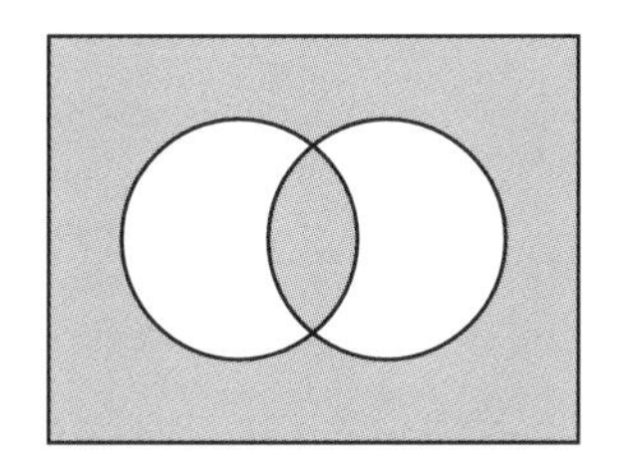

図 1.10　同値の真理集合

**確認問題 1.10　含意と同値に対応する集合**

対象 $x$ が述語 $P(x)$ と $Q(x)$ を満たす対象領域 $U$ の部分集合を，それぞれ $S$ と $T$ で表す．次の各論理式を満たす対象 $x$ からなる集合を，$S$ と $T$ を使った集合の式で簡潔に表せ．▶**解答は p.104**

(1) $P(x) \Rightarrow Q(x)$
(2) $Q(x) \Rightarrow P(x)$
(3) $P(x) \Leftrightarrow Q(x)$

これまでは，論理式を満たす対象の集合を調べて，各論理結合子に集合演算を関連付けたが，含意や同値については，対応する対象集合の間の包含関係に関連付けるほうがわかりやすい．

たとえば，「$x$ は 4 の倍数である」を $P(x)$，「$x$ は偶数である」を $Q(x)$ で表し，これらを満たす対象 $x$ の集合をこれまでと同様に $S, T$ で表そう．考えやすいように，対象領域を 0 から 9 までの整数とすると，$S$ は 4 の倍数の集合 $\{0, 4, 8\}$，$T$ は偶数の集合 $\{0, 2, 4, 6, 8\}$ であり，包含関係 $S \subseteq T$ が成り立つ．一般に，すべての $x$ について $P(x) \Rightarrow Q(x)$ が真のとき，$P(x)$ が真である $x$ について $Q(x)$ も真となる．つまり，$S$ の要素はすべて $T$ の要素でもあり，二つの真理集合の間に $S \subseteq T$ という包含関係が成り立つ．

集合 $S$ と $T$ を左右の円で図示すれば，含意 $P(x) \Rightarrow Q(x)$ が真である対象 $x$ は図 1.9 の影付き部分にあるはずである．どんな対象 $x$ についても $P(x) \Rightarrow Q(x)$ が真ということは，言い換えれば，$P(x) \Rightarrow Q(x)$ が偽となる対象 $x$ が一つもない，つまり，図 1.9 の白い部分は空集合，ということである．よって，含意 $P(x) \Rightarrow Q(x)$ が真となる $x$ の部分に影を付けると，図 1.11 のようになる．どの対象についても含意が真なので，対象領域全体に影が付く．4の倍数と偶数の例でも，このことを確かめてみよう（図1.12）．

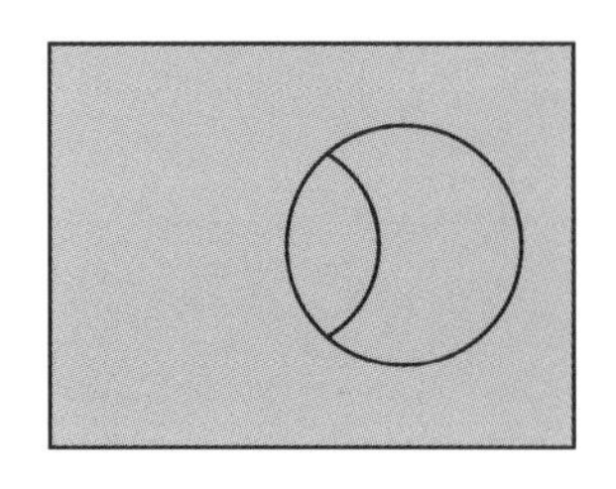

図1.11　含意と包含関係

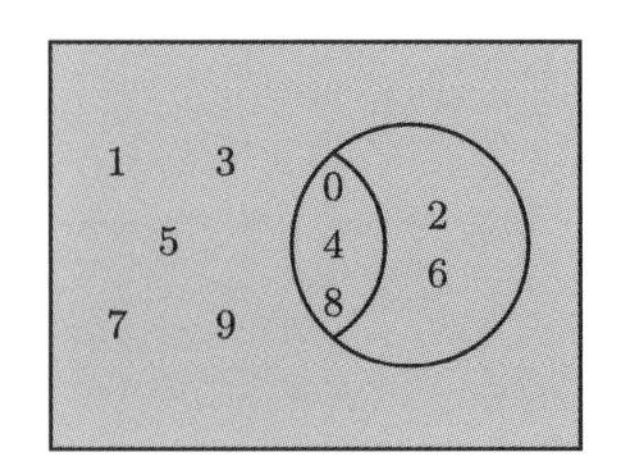


図1.12　含意と包含関係の例

**確認問題 1.11**　**同値と集合の相等**

対象 $x$ が述語 $P(x)$ と $Q(x)$ を満たす対象領域 $U$ の部分集合を，それぞれ $S$ と $T$ で表す．$P(x)$ と $Q(x)$ が常に同値，つまり，どんな対象 $x$ についても $P(x) \Leftrightarrow Q(x)$ が真のとき，集合 $S$ と $T$ はどんな関係にあるかを説明せよ．　▶**解答は p.105**

## 集合による論理式の意味付け

ここまで，述語を満たす対象の集合である真理集合を使って論理式の意味を考えてきた．この考え方は，2変数以上の述語がある場合にも使える．たとえば，1から9までの整数上で $x^2 + y^2 = z^2$ という3変数述語について考えるには，述語を真にする組 $(x, y, z)$ からなる集合 $\{(3,4,5),(4,3,5)\}$ を考えればよい．一般に，$n$ 変数述語の場合には，真理集合として，述語を真にする対象の $n$ 個組の集合を考えればよい．

**確認問題 1.12**　**等式についての論理式**

次の各文を論理式で表せ．　▶**解答は p.105**

(1) $x = -1$ や $x = 1$ のとき，$(x+1)\,x\,(x-1) = 0$ が成り立つ．
(2) $x = 3$，$y = 2$ は，連立方程式 $x + y = 5$，$2x = 3y$ の解であり，ほかには解はない．

# 1-5 よく使う論理表現

実際の問題に現れる数学的な主張には，繰り返し使われる論理的な言い回しがある．とくによく出てくるのは，$\forall x\,(P(x) \Rightarrow Q(x))$ という形の「条件付き全称」と $\exists x\,(P(x) \land Q(x))$ という形の「条件付き存在」である．この節では，この2種類の主張に加えて，定義などで「同一概念」であることを表す $\forall x\,(P(x) \Leftrightarrow Q(x))$ という形の表現を学ぶ．

## 条件付きの全称と存在

前の節で扱った「4 の倍数は偶数である」という形の主張は，よく出てくるので詳しく分析してみよう．「$x$ は 4 の倍数」と「$x$ は偶数」を $P(x)$ と $Q(x)$ で表せば，この命題は，論理式で $\forall x\,(P(x) \Rightarrow Q(x))$ と書ける．変数が整数全体を動くとき，この主張は真である．4 の倍数である整数はどれも偶数，つまり，$P(x)$ が真のときに $Q(x)$ も真となるからである．この形の主張が真のとき，$P(x)$ は $Q(x)$ の**十分条件** (sufficient condition) という．たとえば，4 の倍数であることは，偶数であるための十分条件である．$Q(x)$ が偽になる整数 $x$ もあるので，全称命題 $\forall x\, Q(x)$ は偽である．一方，$\forall x\,(P(x) \Rightarrow Q(x))$ は，$P(x)$ という条件が成り立つときには常に $Q(x)$ が成り立つ，という主張を表している．そこで，本書では，この形の主張を**条件付き全称**とよぶ．

前の節では，条件付き全称 $\forall x\,(P(x) \Rightarrow Q(x))$ が真であることを，$P(x)$ と $Q(x)$ の真理集合の間の包含関係として解釈できることを学んだ．これを 4 の倍数と偶数の例に当てはめれば，「4 の倍数であることは偶数であるための十分条件である」という論理的な主張を，「4 の倍数全体は偶数全体の部分集合である」という包含関係としても理解できる．

条件付き全称の量化子を存在記号に変えた $\exists x\,(P(x) \Rightarrow Q(x))$ は，何を表すだろうか．例として，$P(x)$ が整数に関する述語「$x$ は 3 の倍数である」の場合を考える．1.2 節で学んだように，含意 $P(x) \Rightarrow Q(x)$ の真偽は，前提 $P(x)$ が真で結論 $Q(x)$ が偽のときだけ偽で，ほかの場合は真である．たとえば，$x$ が 3 の倍数ではない 1 などの場合には，前提 $P(x)$ が偽である．すると，含意の真理表から，$Q(x)$ がどんな述語であるかにかかわらず，含意全体 $P(x) \Rightarrow Q(x)$ が真となる．含意を満たす $x$ があるので，$\exists x\,(P(x) \Rightarrow Q(x))$ は真である．一般に，述語 $P(x)$ が偽となる $x$ が一つでもありさえすれば，$\exists x\,(P(x) \Rightarrow Q(x))$ 全体が真となってしまうので，この形の論理式は，述語 $P(x)$ や $Q(x)$ についての有用な性質をほとんど表せない．

それでは，ある条件のもとで性質が成り立つ対象が存在する，という**条件付き存在**はどんな形の論理式で表せるだろうか．例として，「奇数が存在する」という単純な存在命題に条件を付け加えた「6 の倍数である奇数が存在する」という主張を考える．今度は「$x$ は 6 の倍数である」と「$x$ は奇数」を $P(x)$ と $Q(x)$ で表す．変数が整数全体を動くとき，単純な存在命題 $\exists x\, Q(x)$ は真である．一方，条件付きの命題は「$x$ が 6 の倍数でかつ $x$ が奇数であるような $x$ が存在する」と言い換えられるので，$\exists x\,(P(x) \land Q(x))$ という論理式で表せる．ここで，含意でなく連言の論理記号を使うことに注意しよう．なお，6 の倍数は偶数だから，どんな整数についても，6 の倍数であることと奇数であることを同時には満たせない．つまり，この例については，$P(x)$ と $Q(x)$ の両方が真となる整数 $x$ がないので，条件付き存在 $\exists x\,(P(x) \land Q(x))$ は偽である．

**例題 1.9**　次の各命題を，条件付き量化を使った論理式で表せ．ただし，「$x$ は $y$ の約数である」という 2 項関係を $x \mid y$ で表すこと．

(1) どんな偶数 $x$ についても，$2x$ は 4 の倍数である．

(2) $2x$ が 3 の倍数となるような偶数 $x$ がある．

**解答**　(1) $\forall x\,(2 \mid x \Rightarrow 4 \mid 2x)$

(2) $\exists x\,(3 \mid 2x \land 2 \mid x)$

条件付き量化の論理式で，条件部分が集合への所属の場合に使える略記がある．「4 の倍数である」という述語を $P(x)$ で表し，その真理集合である 4 の倍数全体を $S$ で表そう．述語が成り立つことは，対象が真理集合に属すことと同じだから，このとき $P(x)$ は $x \in S$ と表せる．すると，条件付き全称 $\forall x\,(P(x) \Rightarrow Q(x))$ は $\forall x\,(x \in S \Rightarrow Q(x))$ とも書ける．この論理式は $\forall x \in S\ Q(x)$ と略記することが多く，「集合 $S$ の任意の要素 $x$ について $Q(x)$」と読む．同様に，条件付き存在 $\exists x\,(x \in S \land Q(x))$ は $\exists x \in S\ Q(x)$ と略記でき，「集合 $S$ のある要素 $x$ について $Q(x)$」と読む．

**確認問題 1.13**　**量化の表現**

次の各文を量化子を使った論理式で表せ．対象領域は整数全体の集合とする（$x \in \mathbb{Z}$ などは明示しなくてよい）．▶**解答は p.105**

(1) どの整数も，平方すると正である．

(2) 平方が自分自身に等しい整数が存在する．

(3) $x$ が偶数ならば，$x$ は 4 の倍数である．

(4) ある偶数は，その平方が 4 で割り切れない．

**確認問題 1.14**　**よく使う論理表現**

次の各命題を条件付き量化の論理式で表し，その真偽を理由とともに答えよ．ただし，対象領域は整数全体の集合とする（$x \in \mathbb{Z}$ などは明示しなくてよい）．▶**解答は p.105**

(1) 2 以上の整数は，その平方が 9 を超える．

(2) ある 2 以上の整数は，その平方が 9 を超えない．

**確認問題 1.15** **条件付き量化を使った論理式の意味**

次の (1), (2) の各論理式が何を表すかを簡潔に答えよ．ただし $m, n, k$ は自然数を表し，$f$ は自然数上の写像を表すものとする． ▶解答は p.106

(1) $n \geq 2 \wedge \forall m\,(m \geq 2 \wedge m < n \Rightarrow \forall k\ n \neq k \times m)$

(2) $\forall m\,\forall n\,(m \neq n \Rightarrow f(m) \neq f(n))$

### 同一概念

次に，「二つの性質が同じものである」ということを表す慣用表現を紹介しよう．これは，述語を定義する場面などで使える．たとえば，変数が整数全体を動くとき，「$x$ が正である」は「$x$ が 0 を超える」と言い換えられる．つまり，「$x$ が正である」という述語は $x > 0$ で定義できる．一方，これを論理式で表せば，$\forall x\,(x$ が正 $\Leftrightarrow x > 0)$ となる．一般に，$\forall x\,(P(x) \Leftrightarrow Q(x))$ が成り立つということは，述語 $P(x)$ と述語 $Q(x)$ がその真偽からは区別できない，つまり，二つの性質が同じ概念を表している，ということである．一番外側にある全称記号は省くことも多く，述語 $P(x)$ を使って $Q(x)$ を定義することを，単に $P(x) \Leftrightarrow Q(x)$ で表すこともよくある．

この節で学んだ三つの慣用表現をまとめておこう．

| | | |
|---|---|---|
| 条件付き全称 | $\forall x\,(P(x) \Rightarrow Q(x))$ | $P$ を満たすものはすべて $Q$ を満たす |
| | $\forall x \in S\ Q(x)$ | すべての……は……である |
| 条件付き存在 | $\exists x\,(P(x) \wedge Q(x))$ | $P$ を満たすもののうち $Q$ を満たすものがある |
| | $\exists x \in S\ Q(x)$ | ある……は……である |
| 同一概念 | $\forall x\,(P(x) \Leftrightarrow Q(x))$ | $P$と$Q$ は同じ性質，$P$と$Q$ は同じ概念 |

## 1-6 集合と論理

述語と論理記号を使って組み立てられた論理式が，その真理集合と密接な関係にあることを 1.4 節で学んだ．述語の否定・選言・連言の真理集合は，それぞれ補集合・和集合・共通部分に対応するのであった．この節では，逆の見方をする．つまり，どんな集合も述語の真理集合として表せるというとらえ方である．つまり 1.4 節で出てきた述語 $P(x)$ や $Q(x)$ を $x \in S$ や $x \in T$ に置き換えることで，ある集合に属することを別の論理式で言い換えられる．

## 補集合・共通部分・和集合

対象全体の集合 $U$ に属する $x$ について，$x$ が補集合 $S^{\mathrm{c}}$ に属すことは，$x$ が $S$ に属さないことと同じである．論理式を使えば，簡潔に

$$x \in S^{\mathrm{c}} \ \Leftrightarrow\ \neg\, x \in S$$

と表せる．右辺の $\neg\, x \in S$ を $x \notin S$ と略記してもよい．

$x$ が共通部分 $S \cap T$ に属すことは，$x$ が $S$ に属しかつ $x$ が $T$ に属す，ことと同値である．つまり，

$$x \in S \cap T \ \Leftrightarrow\ x \in S \wedge x \in T$$

である．また，$x$ が和集合 $S \cup T$ に属すことは，$x$ が $S$ に属すかまたは $x$ が $T$ に属すことと同値である．

$$x \in S \cup T \ \Leftrightarrow\ x \in S \vee x \in T$$

このようにして，論理式を満たす対象全体を真理集合としてとらえるだけでなく，集合への所属の述語を使うことで，集合やその演算の性質を論理式で表すこともできる．

## 差集合・直積・ベキ集合

ほかの集合演算も，論理式で表してみよう．差集合 $S \setminus T$ とは，集合 $S$ の要素のうち集合 $T$ に属すものをすべて取り除いた結果の集合である．$S - T$ と書くこともある．図 1.13 では，差集合 $S \setminus T$ は影を付けた部分に相当する．対象 $x$ が $S \setminus T$ の要素であるということは，$x$ が $S$ の要素であって $T$ の要素ではない，ということだから，

$$x \in S \setminus T \ \Leftrightarrow\ x \in S \wedge x \notin T$$

と表せる．なお，差集合 $S \setminus T$ は，例題 1.8 の (c) で扱ったように，共通部分と補集合を使って $S \cap T^{\mathrm{c}}$ とも書ける．

二つの集合 $S$ と $T$ の直積 $S \times T$ とは，$S$ の要素 $x$ と $T$ の要素 $y$ の対 $(x, y)$

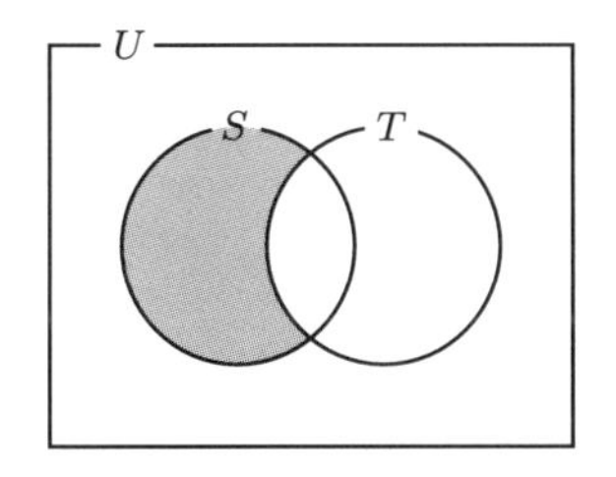


図 1.13　差集合

をすべて集めた集合だから，

$$(x, y) \in S \times T \iff x \in S \land y \in T$$

が成り立つ．また，集合 $S$ のベキ集合 $\mathcal{P}(S)$ とは，$S$ の部分集合 $X$ をすべて集めた集合だから，

$$X \in \mathcal{P}(S) \iff X \subseteq S$$

が成り立つ．

## 集合の性質の論理表現

集合と論理の関係についての理解をさらに深めるため，集合についての基本的な性質を論理式で書き表そう．集合 $S, T$ を，対象の全体集合 $U$ の部分集合とする．集合が空であるとは，集合に属する要素が存在しないことだから，

$$S = \emptyset \iff \neg \exists x\, x \in S$$

が成り立つ．

続いて，集合の包含関係について考える．1.4 節では，集合の包含関係と条件付き全称との関連として，

$$S \subseteq T \iff \forall x\, (x \in S \Rightarrow x \in T)$$

を学んだ．同様にして，集合の相等関係は

$$S = T \iff \forall x\, (x \in S \Leftrightarrow x \in T)$$

と表せる．つまり，二つの集合が等しいとは，対象が集合に属すか否かが常に一致する，ということである．

**確認問題 1.16　集合の所属を使った論理式**

平方数全体の集合を $S$ で表すと，「$x$ は平方数である」という述語は $x \in S$ と表せる．以下の各命題を論理式で表せ．不要な括弧は省いてもよいが，その他の略記は使わないこと．なお，対象領域は整数全体の集合とする（$x \in \mathbb{Z}$ などは明示しなくてよい）． ▶**解答は p.106**

(1) 121 と 484 はともに平方数である．
(2) どの平方数もみな非負である．
(3) 負の平方数は存在しない．
(4) 異なる平方数が存在する．

**確認問題 1.17　集合の性質を表す論理式**

二つの集合 $S$ と $T$ が互いに素であるとは，$S$ と $T$ に共通の要素がないこと，つまり $S \cap T = \emptyset$ を満たすことである．集合 $S, T$ が全体集合 $U$ の部分集合であるとき，「$S$ と $T$ が互いに素」という性質を，述語 $x \in S$ や $x \in T$ を使って論理式で表せ．ただし，$x \in U$ は論理式に明示する必要はない． ▶**解答は p.106**

## 1-7 否定を使った言い換え

否定の論理式 $\neg A$ は，$A$ の部分が複雑になると，そのままでは意味を理解しにくくなることが多い．この節では，論理法則を使って，否定の論理式を同等な別の論理式に言い換える方法を学ぶ．

### 結合子についての否定法則

否定の論理式を理解しやすい別の形で表す例として，命題 $\neg(A \vee B)$ について考える．この命題は真理表を使えば，$\neg A \wedge \neg B$ と論理同値であることがわかる．つまり，「$A$ または $B$，ではない」は意味を変えずに「$A$ ではなく，$B$ でもない」と言い換えられる．命題の言い換えに便利な，否定の論理法則を以下に示す．

| | | | |
|---|---|---|---|
| 否定の否定 | $\neg\neg A$ | $\Leftrightarrow$ | $A$ |
| 連言の否定 | $\neg(A \wedge B)$ | $\Leftrightarrow$ | $\neg A \vee \neg B$ |
| 選言の否定 | $\neg(A \vee B)$ | $\Leftrightarrow$ | $\neg A \wedge \neg B$ |
| 含意の否定 | $\neg(A \Rightarrow B)$ | $\Leftrightarrow$ | $A \wedge \neg B$ |
| 同値の否定 | $\neg(A \Leftrightarrow B)$ | $\Leftrightarrow$ | $(A \wedge \neg B) \vee (B \wedge \neg A)$ |

左右の論理式は論理同値なので，各命題 $A, B$ の真偽のどの組み合わせについても左右の論理式の真偽が一致する．なお，一番上の法則を**二重否定の法則** (double negation law) という．続く二つは**ド・モルガンの法則** (De Morgan's law) といい，簡潔にいえば，「連言の否定は否定の選言」「選言の否定は否定の連言」と

いう法則である．左辺と右辺の論理記号を比べて，左辺で括弧の外側にある否定 $(\neg)$ が右辺で内側に分配されるだけでなく，連言 $(\wedge)$ と選言 $(\vee)$ が入れ替わることに注意しよう．

**確認問題 1.18** **否定の論理法則**

上記の論理法則のそれぞれについて，同値命題が恒真であることを，真理表で確かめよ． ▶**解答は p.107**

## 量化子についての否定法則

全称命題や存在命題の否定については，次の論理法則が成り立つ．

$$\begin{array}{lccc} \text{全称の否定} & \neg\,\forall x\, P(x) & \Leftrightarrow & \exists x\,\neg P(x) \\ \text{存在の否定} & \neg\,\exists x\, P(x) & \Leftrightarrow & \forall x\,\neg P(x) \end{array}$$

つまり，「全称の否定は否定の存在」「存在の否定は否定の全称」という法則である．ド・モルガンの法則と同様に，左辺の先頭の否定 $(\neg)$ が右辺で量化子の後に移るとともに，全称 $(\forall)$ と存在 $(\exists)$ が入れ替わる．

否定を使った全称命題や存在命題の言い換えの例を考えて，上記の論理法則が具体例について成り立つことを確かめよう．確認問題 1.9 の例を使い，対象領域を $\{0,1,2,3,4,5,6\}$ とする述語 $P(x)$ が，(a) $x$ は 0 以上，(b) $x$ は 6 未満，(c) $x$ は奇数，(d) $x$ は 1 と等しい，(e) $x$ は負，の五つの場合を再考する．まず，全称の否定 $\neg\,\forall x\, P(x)$ と存在の否定 $\neg\,\exists x\, P(x)$ の真偽を調べる表を作る．$x$ が 0〜6 のときの $P(x)$ の真偽を，表の一番左の欄に○か×かで示す．

<table>
<tr><th>$P(x)$<br>$x$ 0 1 2 3 4 5 6</th><th>$\forall x\, P(x)$</th><th>$\neg\,\forall x\, P(x)$</th><th>$\exists x\, P(x)$</th><th>$\neg\,\exists x\, P(x)$</th></tr>
<tr><td>(a) ○○○○○○○</td><td>○</td><td>×</td><td rowspan="4">○</td><td rowspan="4">×</td></tr>
<tr><td>(b) ○○○○○○×</td><td rowspan="4">×</td><td rowspan="4">○</td></tr>
<tr><td>(c) ×○×○×○×</td></tr>
<tr><td>(d) ×○×××××</td></tr>
<tr><td>(e) ×××××××</td><td>×</td><td>○</td></tr>
</table>

1.3 節で学んだように，全称命題 $\forall x\, P(x)$ が真となるのは，対象領域のすべての $x$ について $P(x)$ が真となるときである．したがって，$\forall x\, P(x)$ の真偽を記す列

では，$P(x)$ の真偽を記した列がすべて○の述語 (a) の行にだけ○を付け，×が一つでもある (b)〜(e) の行に×を付ける．全称の否定 $\neg\forall x\,P(x)$ の列には，この結果を反転したものを入れる．また，存在命題 $\exists x\,P(x)$ が真となるのは，対象領域のある $x$ について $P(x)$ が真となるときである．よって，$\exists x\,P(x)$ の真偽を記す列では，$P(x)$ の列に○が一つでもある (a)〜(d) の行に○を付け，すべて×の (e) の行に×を付ける．

続いて，否定の全称 $\forall x\,\neg P(x)$ や否定の存在 $\exists x\,\neg P(x)$ の真偽を調べる表を作る．上の表の $P(x)$ の真偽を反転することで，否定 $\neg P(x)$ の真偽を記す欄を埋める．

<table>
<tr><th>$\neg P(x)$<br>$x$ 0 1 2 3 4 5 6</th><th>$\forall x\,\neg P(x)$</th><th>$\neg\forall x\,\neg P(x)$</th><th>$\exists x\,\neg P(x)$</th><th>$\neg\exists x\,\neg P(x)$</th></tr>
<tr><td>(a) × × × × × × ×</td><td rowspan="4">×</td><td rowspan="4">○</td><td>×</td><td>○</td></tr>
<tr><td>(b) × × × × × × ○</td><td rowspan="4">○</td><td rowspan="4">×</td></tr>
<tr><td>(c) ○ × ○ × ○ × ○</td></tr>
<tr><td>(d) ○ × ○ ○ ○ ○ ○</td></tr>
<tr><td>(e) ○ ○ ○ ○ ○ ○ ○</td><td>○</td><td>×</td></tr>
</table>

先ほどと同様にして，残りの列の真偽を調べる．二つの表から次のことがわかる．一つ目の表の $\neg\forall x\,P(x)$ の列と二つ目の表の $\exists x\,\neg P(x)$ の列の結果が一致し，一つ目の表の $\neg\exists x\,P(x)$ の列と二つ目の表の $\forall x\,\neg P(x)$ の列の結果も一致した．つまり，この例で扱った (a)〜(e) のどの $P(x)$ についても，二つの論理法則 $\neg\forall x\,P(x) \Leftrightarrow \exists x\,\neg P(x)$ と $\neg\forall x\,P(x) \Leftrightarrow \exists x\,\neg P(x)$ が成り立つ．

**例題 1.10**　「すべての $x$ について $P(x)$ が成り立つ，とはいえない」という文を論理式で表し，論理法則を使って同じ意味の別の文に言い換えよ．

**解答**　論理式は $\neg\forall x\,P(x)$．全称の否定の論理法則より，これは否定の存在 $\exists x\,\neg P(x)$ と真偽が一致するから，「$P(x)$ が成り立たない $x$ がある」と言い換えられる．

**確認問題 1.19**　**否定を使った言い換え**

「ある $x$ について $P(x)$ が成り立つ，とはいえない」という文を論理式で表し，論理法則を使って同じ意味の別の文に言い換えよ．　▶**解答は p.107**

**確認問題 1.20　慣用表現の否定**

次の各命題の否定（と真偽が常に一致する命題）を，$\neg Q(x)$ が現れる形で表せ．▶解答は p.107

(1) $\forall x\ (P(x) \Rightarrow Q(x))$
(2) $\exists x\ (P(x) \land Q(x))$

## 1-8 複雑な論理式

この章では，記号を使って主張を論理式として表し，その真偽を判定するための基本的な方法を学んできた．この節では，複数の量化子を使う場合など，より複雑な形の論理式を分析する．

### $\exists x \forall y$ で始まる論理式

具体例を通して，全称と存在を併用する命題の真偽を考える．やや抽象的だが，「最小の数がある」という主張を論理式として表し，真偽の分析をしてみよう．最小であるとは，ほかのどれと比べても小さい（ただし，それ自身と比べれば等しい）ことなので，もとの主張は「ある数は，どの数と比べてもそれ以下である」と言い換えられる．さらに変数を補えば，「ある数 $x$ が存在して，どの数 $y$ についても $x \leq y$」と書ける．よって，論理式は

$$\exists x\ \forall y\ x \leq y$$

である．「最小の数がある」という主張は，対象領域の選び方（や 2 項関係の記号 $\leq$ の解釈）によって真にも偽にも解釈できるが，非負整数全体上で通常の大小関係によって比べるときには，0 が最小値なので，この主張は真である．このように，数学的な意味に立ち戻ると，主張の真偽を判定できるが，これまでに学んだ方法を使えば，主張の分析や真偽の判定が機械的にできる．

全称や存在が付いた論理式の真偽を考えるには，量化子を取り去った論理式の真偽をまず考える．変数 $x, y$ が非負整数上を動くときの述語 $x \leq y$ の真偽は，格子点上に（一部を）図示できる．

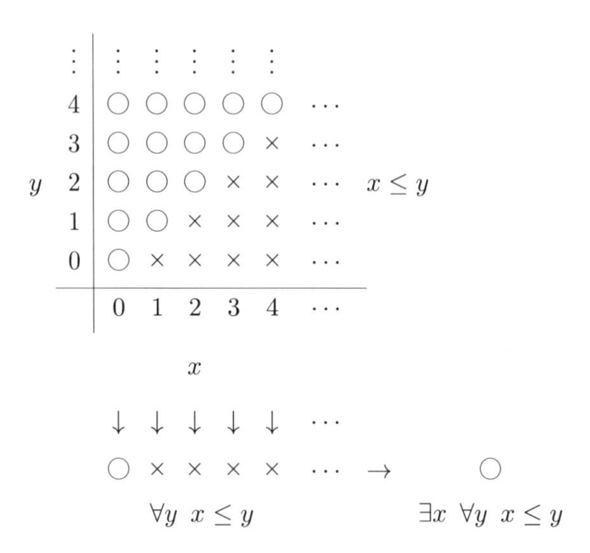

非負整数全体は無限集合なので，図では一部分しか示せないが，実際には上と右にずっと続いている．述語 $x \leq y$ の真偽がわかれば，$x$ を固定したときの $\forall y\ x \leq y$ の真偽が求められる．変数 $y$ についての全称だから，図を縦一列に見てすべて○であれば，その列の $\forall y\ x \leq y$ に○が付く．各 $x$ について真偽を判定すると，$x = 0$ の列についての $\forall y\ 0 \leq y$ は真だが，$x$ が 1 以上の列では偽だとわかる．これらの真偽は，論理式 $\forall y\ x \leq y$ が「$x$ は最小の数」という述語を表し，0 が最小の非負整数，ということに対応する．最後に，変数 $x$ についての存在を考えると，図の $\forall y\ x{\leq}y$ の真偽を横に見て○があるので，論理式 $\exists x\ \forall y\ x{\leq}y$ に○が付く．つまり，主張全体は真である．

**確認問題 1.21　複数の量化子を使う論理式の真偽判定**

「ある整数は，2 以上のどの整数も約数にもたない」という命題を論理式で表し，真偽を述べよ．論理記号のほかに，不等号 $\geq$ や約数の記号 $|$ を使ってよい．なお，対象領域は整数全体の集合とする（$x \in \mathbb{Z}$ などは明示しなくてよい）． ▶解答は p.107

## $\forall x \exists y$ で始まる論理式

別の命題の真偽を同じ方法で分析してみよう．「どの数にもそれ以上の偶数がある」という命題は，変数を補って「どの数 $x$ についても，$x \leq y$ となる偶数 $y$ がある」と言い換えられる．命題の最後が単に「$x \leq y$ となる数 $y$ がある」なら，この部分を論理式 $\exists y\ x \leq y$ で表せるが，「偶数 $y$」なので，条件付き存在の慣用表現を使う．よって，論理式は

$$\forall x\, \exists y\, (2 \mid y \ \wedge\ x \le y)$$

となる．全称や存在を取り除いた述語 $2 \mid y \ \wedge\ x \le y$ を $R(x,y)$ で表すと，$R(x,y)$ の真理集合は，$2 \mid y$ が真となる対 $(x,y)$ を集めた真理集合と $x \le y$ の真理集合との共通部分である．先ほどの例で扱った図との違いは，$y$ が偶数の行にだけ○がある点である．

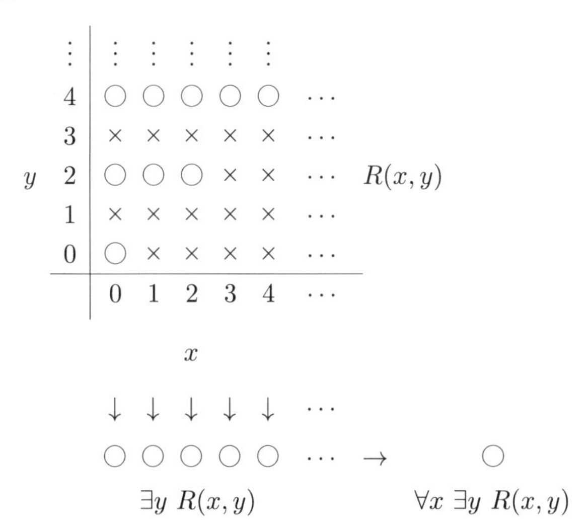


$$\downarrow\ \downarrow\ \downarrow\ \downarrow\ \downarrow\ \cdots$$

○ ○ ○ ○ ○ ⋯ → ○

$\exists y\, R(x,y)$　　　　$\forall x\, \exists y\, R(x,y)$

次に，$\exists y\, R(x,y)$ の真偽を考える．変数 $y$ についての存在だから，図を縦一列に見て○が一つでもあれば，その列の $\exists y\, R(x,y)$ に○が付く．たとえば，$x=0$ では $y=0$ の位置に○があり，$x=1$ では $y=2$ の位置に○がある．各 $x$ ごとに，$R(x,y)$ が真となる $y$ が違ってもよいことに注意しよう．最後に，変数 $x$ についての全称を考えると，図の $\exists y\, R(x,y)$ の真偽を横に見てすべて○なので，命題全体は真である．

この分析からわかるように，$\forall x\, \exists y\, R(x,y)$ の形の論理式の真偽を判定する場合には，「すべての $x$ に対して，それぞれ $y$ が存在して，……を満たす」のように「それぞれ」を補って読むと，各 $x$ ごとに $R(x,y)$ を満たす $y$ が違ってもよいことを理解しやすくなる．

**確認問題 1.22　全称と存在の併用**

この節の二つ目の例で扱った命題の全称と存在を入れ替えると，命題 $\exists y\, \forall x\, (2 \mid y \ \wedge\ x \le y)$ が得られる．対象領域が非負整数全体の場合の，この命題の真偽を判定せよ．▶**解答は p.108**

量化子が複数現れるような複雑な論理式でも，それぞれの論理記号の意味を定義に戻って一つずつ分析することで，真偽を判定できる．

**例題 1.11**　集合 $\{0,1,2\}$ 上の述語 $R$ を

$$R(x,y) \Leftrightarrow (x+1) \bmod 3 = y \bmod 3$$

によって定める．ただし，$m \bmod n$ は $m$ を $n$ で割った余りを表す．

(1) $x$ と $y$ のすべての組み合わせについての $R(x,y)$ の真偽の表を作れ．

(2) 次の各命題の真偽を，簡潔な説明とともに述べよ．

(a) $\forall x\, \forall y\, R(x,y)$　(b) $\forall x\, \exists y\, R(x,y)$　(c) $\exists x\, \forall y\, R(x,y)$　(d) $\exists x\, \exists y\, R(x,y)$

**解答**　(1) 以下の表で，$R(x,y)$ の真偽を○と×で表す．

| | | $x$ = 0 | 1 | 2 |
|---|---|---|---|---|
| $y$ | 0 | × | × | ○ |
| | 1 | ○ | × | × |
| | 2 | × | ○ | × |

(2) (a) 偽（たとえば $R(0,0)$ が偽），(b) 真（$R(0,1)$，$R(1,2)$，$R(2,0)$ がすべて真），(c) 偽（たとえば $R(0,0)$，$R(1,1)$，$R(2,2)$ が偽），(d) 真（たとえば $R(0,1)$ が真）．

2変数述語 $R(x,y)$ の真偽を上のような（各列・行で $x,y$ の値が異なる）表で書けるなら，二つの量化子で始まる論理式が真かどうかは簡単に判定できる．判定のしかたをまとめておこう．

$\forall x\, \forall y\, R(x,y)$　…　すべての位置が○

$\forall x\, \exists y\, R(x,y)$　…　どの列にも○がある

$\exists x\, \forall y\, R(x,y)$　…　ある列がすべて○

$\exists x\, \exists y\, R(x,y)$　…　どこかの位置に○がある

## 1-9　演習問題　▶解答は p.121〜123

この章で学んだことを活かして，以下の問題が解けるかどうか確かめてみよう．

### 演習問題 1.1 論理同値性の判定

以下の論理式の組が論理同値かどうかを，真理表を使って判定せよ．

(1) $A \Rightarrow B$ と $\neg A \vee B$

(2) $A \Rightarrow B$ と $\neg(A \wedge \neg B)$

(3) $A \Rightarrow B$ と $\neg B \Rightarrow \neg A$

(4) $A \Rightarrow B$ と $B \Rightarrow A$

(5) $A \Rightarrow (B \Rightarrow C)$ と $(A \Rightarrow B) \Rightarrow C$

(6) $A \Rightarrow (B \Rightarrow C)$ と $A \wedge B \ \Rightarrow\ C$

(7) $A \Leftrightarrow B$ と $\neg A \Leftrightarrow \neg B$

(8) $A \Leftrightarrow B$ と $(A \Rightarrow B) \vee (B \Rightarrow A)$

### 演習問題 1.2 恒真性の判定

次の各論理式が恒真かどうかを，真理表を使って判定せよ．

(1) $A \wedge \neg A$

(2) $A \vee \neg A$

(3) $A \wedge B \ \Rightarrow\ A \vee B$

(4) $A \vee B \ \Rightarrow\ A \wedge B$

(5) $A \wedge \neg A \ \Rightarrow\ B$

(6) $A \vee \neg A \ \Rightarrow\ B$

(7) $(A \wedge B) \wedge C \ \Rightarrow\ A \wedge (B \wedge C)$

(8) $(A \vee B) \vee C \ \Rightarrow\ A \vee (B \vee C)$

### 演習問題 1.3 主張の論理式による表現

次の各文を論理式で表せ．ただし，対象領域は整数全体であると考える（$x \in \mathbb{Z}$ などは不要）．論理式が複雑な場合には，補助的な述語を定義して使ってもよい．

(1) $x$ は 0 以上 10 未満である．

(2) $x$ と $y$ の積が 0 なら，少なくとも一方は 0 である．

(3) $x$ は正の奇数である．

(4) 不等式 $x^2 + 4x + 4 \leq 3$ には（整数の）解がない．

(5) $x$ の立方は，二つの整数の立方の和として表せる．

(6) $x$ と $y$ は異なる約数をもつ．

(7) ある整数は，すべての正整数の約数である．

(8) $x$ は，二つの整数 $y$ と $z$ の最大公約数である．

(9) 最大の偶数は存在しない．

### 演習問題 1.4　関数と述語を使った命題の真偽

集合 $S = \{0, 1, 2\}$ 上の関数と述語に関する以下の問いに答えよ．

(1) 集合 $S$ 上の 1 変数関数 $f$ を $f(x) = (x + 2) \bmod 3$ と定義する．ここで，$x \bmod y$ は $x$ を $y$ で割った余りを表す．また，$S$ 上の 2 変数述語 $R$ を $R(x, y) \Leftrightarrow f(x) = y$ と定義する．このとき，$x$ と $y$ の値のすべての組み合わせ（9 通り）についての $R(x, y)$ の真理表を作れ．

(2) 集合 $S$ を対象領域とする次の (a)～(d) の各命題の真偽を答えよ．

(a) $\forall x \forall y\, R(x, y)$　(b) $\forall x \exists y\, R(x, y)$　(c) $\exists x \forall y\, R(x, y)$　(d) $\exists x \exists y\, R(x, y)$

(3) (1) で定めた $S$ 上の関数 $f$ が全射である（どの $S$ の要素も，$S$ のある要素 $x$ の像 $f(x)$ となる）ことを，述語 $R$ を使った論理式で表せ．

### 演習問題 1.5　反復補題の対偶

次に示すのは，形式言語理論で「反復補題」とよばれる性質である（ただし，ここでは論理構造を分析するだけなので，用語の意味はわからなくてもよい）．

> $L$ が正則集合ならば，次の性質を満たす非負整数 $m$ が存在する：$z$ が $L$ に属し，$z$ の長さ $|z|$ が $m$ 以上のとき，適当な語 $u, v, w$ を（語の全体集合 $\Sigma^*$ から）選べば，(a) $z$ は $uvw$ に等しい，(b) $|uv|$ は $m$ 以下，(c) $v$ は空列 $\varepsilon$ ではない，(d) 各非負整数 $n$ について $uv^nw$ が $L$ に属す，の 4 条件を満たすようにできる．

(1) 反復補題の対偶を論理式で表せ．「$L$ が正則である」という述語は「$L$ : 正則」と表してよい．

(2) 集合 $L$ が非正則であることの十分条件を，文章で述べよ．

# 第 2 章
# 証明法
## 指針に沿って証明を作る

推論の前提や結論として使う主張は，第 1 章で学んだように，論理式という記号表現で書ける．数理論理学では，証明がどのように進むかを分析しやすくするため，主張を記号で表すだけでなく推論そのものも記号を使って表す．その前段階として，この章では，数学の主張の基本的な証明方法を学ぶ．推論の記号表現に取り組む前に，証明を系統的に組み立てる方法を知っておくと，記号を使った証明が分析しやすくなり，証明を自分で作る助けにもなる．

この章の学習目標は，次の二つからなる．

- 結論の論理式に現れる論理記号ごとの証明法を使える．
- 証明法に沿って証明を組み立てられる．

## 2-1 含意の証明

**証明** (proof) とは，論理的な議論によって主張の正しさを筋道立てて示すことである．数学の命題が真であること（や述語が常に真であること）を証明するには，議論の仮定や論理法則，既知の結果を使いながら，数学や論理の枠組みの中で許された手続きに沿って議論を進める．この節では，数学によく現れる含意（$A \Rightarrow B$ の形）の主張の基本的な証明法を学ぶ．

### 直接証明

第 1 章で学んだように，含意「$A$ ならば $B$」は論理式で $A \Rightarrow B$ と表され，その真偽は次の表で定まる．

| $A$ | $B$ | $A \Rightarrow B$ |
|---|---|---|
| 0 | 0 | 1 |
| 0 | 1 | 1 |
| 1 | 0 | 0 |
| 1 | 1 | 1 |

真理表の前半の 2 行が示すように，含意の前提 $A$ が偽の場合には，結論 $B$ の真偽にかかわらず含意 $A \Rightarrow B$ は真だから，この場合にわざわざ含意 $A \Rightarrow B$ が真であることを確かめる必要はない．したがって，含意 $A \Rightarrow B$ が正しいことを示すには，$A$ が真の場合に $B$ が真であることを示せばよい．この証明法を含意の**直接証明** (direct proof) とよぶ．

> $A \Rightarrow B$ の直接証明
>
> 　　$A$（が真であること）を仮定して，$B$（が真であること）を導く

直接証明は，含意の主張を証明する最も基本的な証明法である．具体例を通してこの証明法に慣れよう．

**例題 2.1**　「整数 $x, y$ が奇数のとき，$x - y$ は偶数である」を証明せよ．ただし，偶数は整数 $k$ を使って $2k$ の形に表せる整数，奇数は整数 $k$ を使って $2k + 1$ の形に表せる整数，と定義する．

**指針**　まず，証明すべき主張を式で表す．対象領域を整数全体の集合とし，「$x$ は偶数である」「$x$ は奇数である」という述語を「$x$ : 偶」「$x$ : 奇」と略記すれば，証明すべき主張は論理式で

$$x : \text{奇} \land y : \text{奇} \Rightarrow x - y : \text{偶}$$

と表せる．この論理式全体は $A \Rightarrow B$ という含意の形なので，これを直接証明する．つまり，前提 $A$ の部分にあたる「$x$ : 奇 $\land$ $y$ : 奇」が真であることを仮定して，結論 $B$ の部分にあたる「$x - y$ : 偶」が真であることを示す．次の目標は，$x$ が奇数であることと $y$ が奇数であることを使って，$x - y$ が偶数であると示すことである．

**証明**　$x$ と $y$ が奇数であると仮定する．奇数の定義より，$x$ は整数 $i$ を使って $x = 2i + 1$ の形に書け，$y$ は整数 $j$ を使って $x = 2j + 1$ の形に書ける．このとき，$x - y = (2i + 1) - (2j + 1) = 2(i - j)$ だから，$x - y$ は整数 $i - j$ を使って $x - y = 2(i - j)$ の形に書ける．したがって，偶数の定義より $x - y$ は偶数である．□

証明すべき主張を論理式で表して，含意 $A \Rightarrow B$ の形になっているときには，前提 $A$ を仮定して結論 $B$ を示す直接証明という証明法が使える．この証明法は，証明すべき論理式を 1 段階だけ単純な，（$A$ を使った）$B$ の証明という証明問題に帰着させること，ともとらえられる．なお，上の証明の最終行のように，証明の終わりを □ という記号で明示する．

**確認問題 2.1**　**直接証明**

「整数 $x$ が奇数のとき $x^2$ は奇数である」を証明せよ．ただし，証明の方針（何を仮定して何を導くか）を明示すること．　▶**解答は p.108**

直接証明は，含意の形の論理式が正しいことを示すための最も基本的な証明法だが，前提を仮定して結論を導くという手順では証明が進めにくい場合もある．そこで次に，直接証明がうまくいかない場合に使える間接証明という含意の証明法を扱う．

## 対偶法と背理法

直接証明とは違う含意の証明法を学ぶため，別の角度から含意の真理表を見てみよう．

| $A$ $B$ | $A \Rightarrow B$ |
|---|---|
| 0 0 | 1 |
| 0 1 | 1 |
| 1 0 | 0 |
| 1 1 | 1 |

表の2行目と4行目が示すように，含意の結論 $B$ が真の場合には，前提 $A$ の真偽にかかわらず含意 $A \Rightarrow B$ は真だから，この場合に含意 $A \Rightarrow B$ が真であることを確かめる必要はない．したがって，含意 $A \Rightarrow B$ が真であることを示すには，$B$ が偽の場合に $A$ が偽である（真ではない）ことを示せばよい．これは，$\neg B$ が真という仮定のもとで $\neg A$ が真であることを導くのと同じだから，$\neg B \Rightarrow \neg A$ の直接証明に相当する．このような，含意 $A \Rightarrow B$ の両辺を否定した逆向きの含意 $\neg B \Rightarrow \neg A$ を，もとの含意の**対偶** (contraposition) というので，この証明法を含意の**対偶による証明** (proof by contraposition) とよぶ．含意の対偶による証明が妥当であることは，$A \Rightarrow B$ と $\neg B \Rightarrow \neg A$ の真偽が $A$ と $B$ の真偽のどの組み合わせに対しても一致することからもわかる．つまり，含意とその対偶とは論理同値だから，含意を直接証明する代わりに対偶を直接証明してもよい，ということである．

一方で，真理表の3行目の場合が起こり得ないことを示しても，$A \Rightarrow B$ が示せたことになる．つまり，$A$ が真で $B$ が偽と仮定すると矛盾が生じることを示してもよい．これを，含意の**背理法による証明** (proof by contradiction) とよぶ．また，1.7節で学んだように，$\neg(A \Rightarrow B)$ と $A \wedge \neg B$ とは論理同値である．このことからも，含意の背理法による証明は，$A \Rightarrow B$ が偽であると仮定して矛盾を導くことに相当するとわかる．

含意の対偶による証明と含意の背理法による証明の二つを合わせて，含意の**間接証明** (indirect proof) とよぶ．

$A \Rightarrow B$ の間接証明

- $\neg B$ を仮定して $\neg A$ を導く（対偶による証明）
- $A$ と $\neg B$ を仮定して矛盾を導く（背理法による証明）

対偶法と背理法の2種類の間接証明の考え方を，具体例を通して理解しよう．

**例題 2.2** 整数についての性質「$(x-1)^2$ が 4 で割り切れるならば，$x$ は偶数ではない」を証明せよ．

**指針** $x$ が $y$ の約数であることを $x \mid y$ と書き，$x$ が偶数であることを $x$ : 偶 と書けば，証明すべき性質は論理式で「$4 \mid (x-1)^2 \;\Rightarrow\; \neg\, x$ : 偶」と表せる．この論理式は $A \Rightarrow B$ の含意の形なので，まずは直接証明を試みよう．$(x-1)^2$ が 4 で割り切れると仮定し，$x$ が偶数でないことを導く．仮定からわかることは，$(x-1)^2 = 4i$ を満たす整数 $i$ があることであるが，ここから整数 $x$ についての性質は導きにくい．そこで，この含意を間接証明により示す．対偶による証明（証明 1）では，結論の否定（と論理同値な）$x$ : 偶 を仮定して，前提の否定 $\neg\, 4 \mid (x-1)^2$ を導く．また，背理法による証明（証明 2）では，前提 $4 \mid (x-1)^2$ と結論の否定 $x$ : 偶 を仮定して，矛盾を導く．

**証明 1** $x$ が偶数であると仮定する．偶数の定義より，$x$ は整数 $i$ を使って $x = 2i$ の形に書ける．このとき，$(x-1)^2 = (2i-1)^2 = 4i^2 - 4i + 1 = 4(i^2 - i) + 1$ である．$i^2 - i$ は整数だから，$(x-1)^2$ は 4 で割ると商が $i^2 - i$ で余りが 1 となる．よって，$(x-1)^2$ は 4 で割り切れない．□

**証明 2** $(x-1)^2$ が 4 で割り切れ，かつ，$x$ が偶数であると仮定する．偶数の定義より，$x$ は整数 $i$ を使って $x = 2i$ の形に書ける．このとき，$(x-1)^2 = (2i-1)^2 = 4i^2 - 4i + 1 = 4(i^2 - i) + 1$ である．$i^2 - i$ は整数だから，$(x-1)^2$ は 4 で割ると商が $i^2 - i$ で余りが 1 となる．これは，$(x-1)^2$ が 4 で割り切れるという仮定に矛盾する．□

例題の二つの証明の大部分が共通していることに注意しよう．上の 2 通りの証明を参考に，対偶の証明を背理法に，またその逆に書き換えると，間接証明についての理解が深まる．

**確認問題 2.2** **間接証明**

整数についての性質「$3x + 1$ が偶数のとき $x$ は奇数である」を，対偶による証明と背理法による証明の，2 通りの証明法により証明せよ．なお，奇数でないことと偶数であることが同値である，という整数の性質を使ってもよい． ▶**解答は p.108**

## 含意の連鎖

真理表で簡単に確かめられるように，$(A \Rightarrow C) \wedge (C \Rightarrow B) \Rightarrow (A \Rightarrow B)$ という論理式は恒真である．したがって，二つの含意 $A \Rightarrow C$ と $C \Rightarrow B$ がともに真のとき，含意 $A \Rightarrow B$ も真である．このことから，含意 $A \Rightarrow B$ を示すために，間に別の主張 $C$ を挟んで，二つの含意 $A \Rightarrow C$ と $C \Rightarrow B$ を証明してもよい，

ということがわかる．

**例題 2.3**　整数に関する主張「3倍すると奇数になる数を2乗しても奇数になる」が正しいことを証明せよ．

**証明**　「$3x$ が奇数 $\Rightarrow$ $x^2$ が奇数」を証明するには，次の二つを示せばよい．

(1) $3x$ が奇数 $\Rightarrow$ $x$ が奇数

(2) $x$ が奇数 $\Rightarrow$ $x^2$ が奇数

まず，(1) の代わりにその対偶を示す．$x$ が偶数のとき $x = 2k$ と表せる（$k$ は整数）．$3x = 2(3k)$ だから，$3x$ は偶数．次に，(2) を直接証明する．$x$ が奇数のとき $x = 2k+1$ と表せる（$k$ は整数）．$x^2 = (2k+1)^2 = 4k^2 + 4k + 1 = 2(2k^2 + 2k) + 1$ なので，$x^2$ は奇数．□

なお，逆向きの含意「$x^2$ が奇数 $\Rightarrow$ $3x$ が奇数」も成り立つ．

## 2-2 同値の証明

数学的な概念を定義するときや，同じ性質を別の形で書くときによく使うのが，同値（$A \Leftrightarrow B$ の形）の論理式である．この節では，同値であることを示す二つの証明法を学ぶ．一つは，双方向の含意による証明であり，もう一つは，同値変形による証明である．

### 双方向の含意による証明

前の章で学んだように，「$A$ と $B$ は同値」という論理式 $A \Leftrightarrow B$ の真偽は次の表で定まる．

| $A$ | $B$ | $A \Leftrightarrow B$ |
|---|---|---|
| 0 | 0 | 1 |
| 0 | 1 | 0 |
| 1 | 0 | 0 |
| 1 | 1 | 1 |

表の1行目が示すように，同値の左辺 $A$ と右辺 $B$ が偽の場合は，論理式全体 $A \Leftrightarrow B$ が真なので，この場合に証明すべきことはない．よって，その他の場合に $A \Leftrightarrow B$ が真となる（偽とはなりえない）ことを示せばよい．表の2〜4行目

では，$A$ が真（2,4 行目）か $B$ が真（3,4 行目）のどちらに着目しても，$A \Leftrightarrow B$ が真となる 4 行目だけがあり得ることを示せばよい．つまり，同値 $A \Leftrightarrow B$ が真であることを証明するには，$A$ が真のときに $B$ が真であり，$B$ が真のときに $A$ が真である，ということを示せばよい．実際に真理表で簡単に確かめられるように，二つの論理式 $A \Leftrightarrow B$ と $(A \Rightarrow B) \wedge (B \Rightarrow A)$ とは論理同値である．この証明法を，**双方向の含意による証明** (proof by mutual impilcation) とよぶ．

> $A \Leftrightarrow B$ の双方向の含意による証明
>
> 含意 $A \Rightarrow B$ と含意 $B \Rightarrow A$ を示す

**例題 2.4** 整数 $x$ について，$x$ が奇数であることと $3x-1$ が偶数であることは同値である，ということを証明せよ．

**指針** 証明すべき性質は同値の論理式で

$$x: 奇 \ \Leftrightarrow \ 3x-1: 偶$$

と表せるので，双方向の含意「$x$ : 奇 $\Rightarrow$ $3x-1$ : 偶」と「$3x-1$ : 偶 $\Rightarrow$ $x$ : 奇」を，それぞれ直接証明と間接証明（対偶の証明）により示す．

**証明** ($\Rightarrow$) $x$ が奇数であると仮定し，$3x-1$ が偶数であることを示す．仮定と奇数の定義より，$x$ は整数 $i$ を使って $x = 2i+1$ の形に書ける．このとき，$3x-1 = 3(2i+1)-1 = 6i+2 = 2(3i+1)$ だから，$3x-1$ は整数 $3i+1$ を使って $3x-1 = 2(3i+1)$ の形に書ける．したがって，偶数の定義より $3x-1$ は偶数である．($\Leftarrow$) $x$ が奇数ではない（つまり偶数である）ことを仮定して，$3x-1$ が偶数ではないことを示す．仮定より，$x$ は整数 $i$ を使って $x = 2i$ の形に書ける．このとき，$3x-1 = 3(2i)-1 = 6i-1 = 2(3i-1)+1$ だから，$3x-1$ は整数 $3i-1$ を使って $2(3i-1)+1$ の形に書ける．よって，奇数の定義より $3x-1$ は奇数，つまり偶数ではない．□

同値であることを示す最も基本的な方法が，ここで学んだ双方向の含意による証明である．この例題の証明のように，$A \Leftrightarrow B$ の双方向の含意の証明には，($\Rightarrow$) や ($\Leftarrow$) を書いて方針を明示するとよい．

**確認問題 2.3** **双方向の含意による証明**

整数 $x, y$ がともに奇数であることの必要十分条件は $xy$ が奇数である，という主張が正しいことを証明せよ．なお，奇数でないことと偶数であることが同値である，という整数の性質を使ってよい．

▶**解答は p.109**

## 同値変形

同値であることの証明には，同値変形もよく使われる．同値変形とは，論理式（の一部）を，それと常に真偽が一致する別の論理式に置き換える式変形のことである．この変形を使えば，定義や論理法則を繰り返し使うような証明を簡潔にまとめられる．

**例題 2.5**　以下の同値命題はどれも恒真である．

- $A \Rightarrow B \Leftrightarrow \neg A \vee B$　（$\Rightarrow$ の $\neg$ と $\vee$ による表現）
- $(A \vee B) \vee C \Leftrightarrow A \vee (B \vee C)$　（$\vee$ の結合法則）
- $\neg (A \wedge B) \Leftrightarrow \neg A \vee \neg B$　（ド・モルガンの法則）

これらの論理法則を使って，同値変形により $A \Rightarrow (B \Rightarrow C) \Leftrightarrow A \wedge B \Rightarrow C$ が恒真であることを証明せよ．

**解答**　同値変形による証明を以下に示す．

$$
\begin{aligned}
& A \Rightarrow (B \Rightarrow C) & \\
\Leftrightarrow\ & A \Rightarrow (\neg B \vee C) & (\Rightarrow \text{ の } \neg \text{ と } \vee \text{ による表現}) \\
\Leftrightarrow\ & \neg A \vee (\neg B \vee C) & (\Rightarrow \text{ の } \neg \text{ と } \vee \text{ による表現}) \\
\Leftrightarrow\ & (\neg A \vee \neg B) \vee C & (\vee \text{ の結合法則}) \\
\Leftrightarrow\ & \neg (A \wedge B) \vee C & (\text{ド・モルガンの法則}) \\
\Leftrightarrow\ & A \wedge B \Rightarrow C & (\Rightarrow \text{ の } \neg \text{ と } \vee \text{ による表現})
\end{aligned}
$$

この例題が示すように，同値変形は，基本的な論理法則を組み合わせて新たな論理法則を導くときにも使える．また，以下の問題で扱うように，集合に関する基本性質の多くは，同値変形で証明できることが多い．

**確認問題 2.4　同値変形による集合の性質の証明**

論理法則や 1.6 節で学んだ集合に関する定義を使って，任意の集合 $S, T$ について，次の二つの主張が同値であることを証明せよ．　▶**解答は p.109**

- $x$ が集合 $(S \setminus T)^{\mathrm{c}}$ の要素である
- $x$ が $S$ の要素ならば $x$ は $T$ の要素でもある

**確認問題 2.5　同値変形による集合の性質の証明**

論理法則や 1.6 節で学んだ集合に関する定義を使って，任意の集合 $S, T$ について

$$S \cap T = \emptyset \Leftrightarrow S \subseteq T^{\mathrm{c}}$$

という性質が成り立つことを，同値変形により証明せよ．　▶**解答は p.110**

## 2-3 全称と存在の証明

実際の問題に出てくる数学の主張を論理式で表すと，全称と存在が複雑に入り組んだ論理式となることが多い．複雑な形の主張を証明する場合には，一段階ずつ，現れる記号に応じた証明法を使うことを繰り返せば，何を仮定して何を導くかという証明の基本方針が定まる．この節では，証明する主張が全称（$\forall x\, P(x)$）や存在（$\exists x\ P(x)$）といった基本的な形の場合について，証明法を学ぶ．

### 全称の証明

「すべての $x$ について $P(x)$ が成り立つ」という主張は，全称の論理式 $\forall x\, P(x)$ で表せる．変数 $x$ が有限個の対象の集合 $\{c_1, \ldots, c_n\}$ を動くときには，$\forall x\, P(x)$ が真であるということは $P(c_1), \ldots, P(c_n)$ がすべて真ということと同じなので，これら $n$ 個の証明を順に与えればよい．しかし，数学の主張の多くは対象領域が無限集合なので，この論法が使えない．そこで，対象を変数 $x$ で表して，$x$ がどの対象を表すかによらずに $P(x)$ が真であることを示す．

> $\forall x\, P(x)$ の証明
> 　任意の対象を表す変数 $x$ を使って $P(x)$ を証明する

**例題 2.6**　整数に関する「奇数の平方はみな奇数である」という性質を証明せよ．

**指針**　証明すべき主張は次の論理式で表せる．

$$\forall x\, (x : \text{奇} \Rightarrow x^2 : \text{奇})$$

この論理式全体は $\forall x\, P(x)$ という全称の形なので，対象領域（この問題では整数全体）を自由に動く変数 $x$ を使って，$P(x)$ を示せばよい．$P(x)$ は「$x : \text{奇} \Rightarrow x^2 : \text{奇}$」という含意なので，含意の証明法に従って証明を続ければよい．

**証明**　$x$ を任意の整数とする．さらに，$x$ が奇数であると仮定し，$x^2$ が奇数であることを導く．仮定と奇数の定義より，$x$ は整数 $i$ を使って $x = 2i + 1$ の形に書ける．このとき，$x^2 = (2i+1)^2 = 4i^2 + 4i + 1 = 2(2i^2 + 2i) + 1$ である．$2i^2 + 2i$ は整数だから，奇数の定義より $x^2$ は奇数である．□

この問題で証明した論理式から全称 $\forall x$ を取り除いた含意「$x : \text{奇} \Rightarrow x^2 : \text{奇}$」

は，確認問題 2.1 で証明したものと同じである．つまり，確認問題 2.1 は「整数 $x$ が奇数のとき $x^2$ は奇数である」という主張が（$x$ によらず）真であることを示す問題で，「どんな $x$ についても」という暗黙の全称が省かれていたのである．逆に，全称 $\forall x\ P(x)$ の証明を簡潔に書くときは，単に $P(x)$ の証明を示すだけで，出だしの「$x$ を任意の……とする」の部分を省くことが多い．

**確認問題 2.6　全称の証明**

$S, T$ を任意の集合とする．1.6 節で学んだ集合と論理との関係を使って，「$S = S \cap T$ ならば $S \subseteq T$」を証明せよ．　▶**解答は p.110**

## 存在の証明

「ある $x$ について $P(x)$ が成り立つ」という主張は，存在の論理式 $\exists x\ P(x)$ で表せる．$\exists x\ P(x)$ が真であるのは，「$P(x)$ が真になる $x$ が対象領域に少なくとも一つ存在する」ということなので，そのような対象の例 $t$ を見つけて $P(t)$ を証明すればよい．

> $\exists x\ P(x)$ の証明
>
> 　適切な対象 $t$ を見つけて，$P(t)$ を証明する

**例題 2.7**　「平方が自分自身に等しい整数がある」を証明せよ．

**指針**　証明すべき主張は次の論理式で表せる．

$$\exists x\ x^2 = x$$

この論理式全体は $\exists x\ P(x)$ という存在の形なので，$P(x)$ を満たす $x$ の具体例を一つ見つければよい．平方が自分自身になる整数は 0 と 1 の二つであり，どちらを使っても証明を作れる．2 種類の証明を以下に示す．

**証明 1**　$x = 0$ のとき，$x^2 = 0 = x$ である．□

**証明 2**　1 の平方は 1 に等しい．□

**確認問題 2.7　存在の証明**

方程式 $x^2 - 2x - 3 = 0$ には整数解がある，つまり $x^2 - 2x - 3 = 0$ を満たす整数 $x$ が存在する，ということを証明せよ．　▶**解答は p.110**

### 全称と存在を併用する証明

全称と存在を両方使う論理式についても，例題を通して証明法の理解を深めよう．

**例題 2.8**　次の各命題を証明せよ．なお，対象領域は整数全体の集合とする．

(1) ある整数は，2 以上のどの整数も約数にもたない．

(2) どんな整数についても，それ以上の偶数がある．

**指針**　約数の記法 | を使うと，(1) の命題は $\exists x \, \forall y \, (y \geq 2 \;\Rightarrow\; \neg \; y \,|\, x)$ と表せる．これは $\exists x \, P(x)$ の形の存在命題であり，これを証明するには，$P(x)$ を満たす対象 $x$ の例を一つ示せばよい．

(2) の命題は $\forall x \; \exists y \; (y \geq x \;\land\; 2 \,|\, y)$ と表せる．これは $\forall x \, P(x)$ の形の全称命題であり，これを証明するには，任意の対象 $x$ について $P(x)$ を示す．とくに，$\forall x \exists y \, R(x, y)$ の形の命題を証明するには，任意の対象 $x$ に応じて，$R(x, y)$ を満たす対象 $y$ を選ぶ対応付けを与えればよい．

**証明**

(1) 1 は 2 以上のどの整数も約数にもたない．□

(2) $x$ を任意の整数とする．その絶対値 $|x|$ を使って $y = 2|x|$ と定めれば，$y$ は $x$ 以上の偶数となる．□

## 2-4　論理法則の利用と反証

論理法則とは，特定の分野の仮定や知識に依存せずに，論理記号の意味だけに基づいて常に成り立つ法則のことである．論理法則を使えば，主張をじかに証明しにくい場合に，別の主張に言い換えて証明できる．この節では，証明に使える論理法則を学ぶ．なお，節の最後に示すように，論理法則は主張が成り立たないことの証明にも役立つ．

### 論理法則のまとめ

1.7 節で学んだド・モルガンの法則のように，主張を別の形に言い換えるときに使える論理法則をまとめておこう．

| | | | |
|---|---|---|---|
| 反射 | $A$ | $\Leftrightarrow$ | $A$ |
| 二重否定 | $\neg\neg A$ | $\Leftrightarrow$ | $A$ |
| べき等 | $A \wedge A$ | $\Leftrightarrow$ | $A$ |
| べき等 | $A \vee A$ | $\Leftrightarrow$ | $A$ |
| 交換 | $A \wedge B$ | $\Leftrightarrow$ | $B \wedge A$ |
| 交換 | $A \vee B$ | $\Leftrightarrow$ | $B \vee A$ |
| 結合 | $(A \wedge B) \wedge C$ | $\Leftrightarrow$ | $A \wedge (B \wedge C)$ |
| 結合 | $(A \vee B) \vee C$ | $\Leftrightarrow$ | $A \vee (B \vee C)$ |
| 吸収 | $(A \vee B) \wedge A$ | $\Leftrightarrow$ | $A$ |
| 吸収 | $(A \wedge B) \vee A$ | $\Leftrightarrow$ | $A$ |
| 分配 | $(A \vee B) \wedge C$ | $\Leftrightarrow$ | $(A \wedge C) \vee (B \wedge C)$ |
| 分配 | $(A \wedge B) \vee C$ | $\Leftrightarrow$ | $(A \vee C) \wedge (B \vee C)$ |
| ド・モルガン | $\neg (A \wedge B)$ | $\Leftrightarrow$ | $\neg A \vee \neg B$ |
| ド・モルガン | $\neg (A \vee B)$ | $\Leftrightarrow$ | $\neg A \wedge \neg B$ |

ここに挙げた論理式は，どれも恒真である．真理表のすべての行が真になることは，簡単に確かめられる．また，各論理式は同値の形だから，左辺と右辺とは論理同値である．つまり，左辺と右辺の真理値が常に一致するので，左辺の形の論理式を証明する代わりに対応する右辺の論理式を証明してもよいし，逆に，右辺の代わりに左辺を証明してもよい．

さらに，真理値が真である命題を $\top$ で表し，偽である命題を $\bot$ で表すとき，次の論理法則が得られる．

| | | | |
|---|---|---|---|
| 消去 | $A \wedge \top$ | $\Leftrightarrow$ | $A$ |
| 消去 | $A \vee \bot$ | $\Leftrightarrow$ | $A$ |
| 吸収 | $A \wedge \bot$ | $\Leftrightarrow$ | $\bot$ |
| 吸収 | $A \vee \top$ | $\Leftrightarrow$ | $\top$ |
| 矛盾 | $A \wedge \neg A$ | $\Leftrightarrow$ | $\bot$ |
| 排中 | $A \vee \neg A$ | $\Leftrightarrow$ | $\top$ |
| 反転 | $\neg\top$ | $\Leftrightarrow$ | $\bot$ |
| 反転 | $\neg\bot$ | $\Leftrightarrow$ | $\top$ |

ここに挙げた論理法則は，複雑な主張を簡単な形に整理するときに役立つ．

ほかにも，論理式の読み替えに役立つ論理法則がいくつかある．

| | | | |
|---|---|---|---|
| 否定 | $\neg A$ | $\Leftrightarrow$ | $A \Rightarrow \bot$ |
| 含意 | $A \Rightarrow B$ | $\Leftrightarrow$ | $\neg A \vee B$ |
| 対偶 | $A \Rightarrow B$ | $\Leftrightarrow$ | $\neg B \Rightarrow \neg A$ |
| 同値 | $(A \Leftrightarrow B)$ | $\Leftrightarrow$ | $(A \Rightarrow B) \wedge (B \Rightarrow A)$ |
| 複合含意 | $A \Rightarrow (B \Rightarrow C)$ | $\Leftrightarrow$ | $A \wedge B \Rightarrow C$ |

論理法則すべてを暗記する必要はなく，よく使うものだけを必要なときに思い出せれば十分である．記憶にない論理法則が出てきたときは，真理表や同値変形など，これまでに学んだ方法を活かして正しさを確かめればよい．

## 論理法則の利用

論理法則は，さまざまな形に具体化して証明の中で使える．

**例題 2.9**　二つの論理式 $\neg A$ と $A \Rightarrow \bot$ が論理同値であることを，次の二つの方法で示せ．

(1) 真理表の利用

(2) 論理法則を使った同値変形

**解答**　(1) 真理表で二つの論理式の真理値が一致することを示す．

| $A$ | $\neg A$ | $A \Rightarrow \bot$ |
|---|---|---|
| 0 | 1 | 1　0 |
| 1 | 0 | 0　0 |

二つの論理式の真理値は，どちらも $A$ の真偽を反転したものとなる．なお，$\bot$ の真理値が $A$ の真偽とは無関係に常に偽であることに注意する．

(2) 同値変形を以下に示す．

$$
\begin{aligned}
& A \Rightarrow \bot \\
\Leftrightarrow\ & \neg A \vee \bot && （\Rightarrow \text{ の } \neg \text{ と } \vee \text{ による表現}） \\
\Leftrightarrow\ & \neg A && （\bot \text{ の消去法則}）
\end{aligned}
$$

**確認問題 2.8　論理法則を使う証明**

次の各論理法則を，同値変形によって順に証明せよ． ▶解答は p.111

(1) $(A \wedge B \ \Rightarrow\ A) \ \Leftrightarrow\ \top$

(2) $(A \ \Rightarrow\ A \wedge B) \ \Leftrightarrow\ (A \Rightarrow B)$

(3) $(A \wedge B \ \Leftrightarrow\ A) \ \Leftrightarrow\ (A \Rightarrow B)$

## 反証

これまでに学んだ証明法は，主張が正しいことを示す方法だった．逆に，主張が誤りであることを示す**反証** (disproof) の方法も知っておこう．一つは，**背理法** (proof by contradiction) である．これは，$A$ が真であると仮定して矛盾が生じることを示す証明法である．つまり，主張が正しいということが起こり得ないことを示す方法である．また，命題 $A$ とその否定 $\neg A$ の真偽は逆だから，$A$ が偽であることを示すには，$\neg A$ が真であることを示してもよい．つまり，もとの主張の否定を証明するという方法でも，反証できる．

$A$ の反証（$\neg A$ の証明）

- $A$ が真であると仮定して，矛盾を導く（背理法）
- 否定の論理法則を使って，$\neg A$ と論理同値な命題を証明する

否定の命題を同等な別の形に言い換えるには，否定の論理法則が使える．1.7 節で学んだ否定の論理法則も，一覧表としてまとめておこう．

| | | | |
|---|---|---|---|
| 否定の否定 | $\neg\neg A$ | $\Leftrightarrow$ | $A$ |
| 連言の否定 | $\neg(A \wedge B)$ | $\Leftrightarrow$ | $\neg A \vee \neg B$ |
| 選言の否定 | $\neg(A \vee B)$ | $\Leftrightarrow$ | $\neg A \wedge \neg B$ |
| 含意の否定 | $\neg(A \Rightarrow B)$ | $\Leftrightarrow$ | $A \wedge \neg B$ |
| 同値の否定 | $\neg(A \Leftrightarrow B)$ | $\Leftrightarrow$ | $(A \wedge \neg B)\ \vee\ (B \wedge \neg A)$ |
| 全称の否定 | $\neg\, \forall x\, P(x)$ | $\Leftrightarrow$ | $\exists x\, \neg P(x)$ |
| 存在の否定 | $\neg\, \exists x\, P(x)$ | $\Leftrightarrow$ | $\forall x\, \neg P(x)$ |

否定の論理法則を使うと，反証の方法として二つ目に挙げられた「$\neg A$ と論理同値な命題を証明する」の具体的な方針がわかる．

- 否定 $\neg A$ を反証するには，$A$ を証明する．
- 連言 $A \land B$ を反証するには，$\neg A$ か $\neg B$ の一方を証明する．
- 選言 $A \lor B$ を反証するには，$\neg A$ と $\neg B$ の両方を証明する．
- 含意 $A \Rightarrow B$ を反証するには，前提 $A$ と結論の否定 $\neg B$ を証明する．
- 全称 $\forall x\, P(x)$ を反証するには，適切な対象 $t$ を見つけて $\neg P(t)$ を証明する．
- 存在 $\exists x\, P(x)$ を反証するには，任意の対象を表す $x$ を使って $\neg P(x)$ を証明する．

## 2-5 演習問題 ▶解答は p.123～124

この章までに学んだことを活かして，以下の問題が解けるか確かめてみよう．

### 演習問題 2.1　奇数と平方

対象領域を整数全体の集合として，以下の問いに答えよ．

(1)「奇数の平方はみな奇数である」という命題が真であることを証明せよ．

(2) (1) で使った証明法を，この主張の論理式に現れる論理記号に関連付けて説明せよ．

### 演習問題 2.2　偶数と平方

整数に関する命題「5 倍すると偶数である整数はみな，平方しても偶数である」について，以下の問いに答えよ．

(1) 命題を論理式で表せ．ただし，「$x$ は偶数である」という述語を $\mathrm{Even}(x)$ と表し，変数が整数全体の集合に属すことは明示しなくてよい．

(2) 命題の真偽を述べ，証明か反証を与えよ．ただし，論証の方針も明示すること．

### 演習問題 2.3　整数の性質の証明と反証

対象領域を整数全体の集合として，論理式で表された次の各命題の真偽を答え，真ならば証明を，偽ならば反証を与えよ．ただし，反証する場合には論理式の否定も書き，それを証明すること．

(1) $\exists x\ x^2 = x$

(2) $\forall x\ x^2 > 0$

(3) $\forall x\ (2 \mid x \Rightarrow 4 \mid x)$

(4) $\exists x\,(2\,|\,x \;\wedge\; \neg\,4\,|\,x^2)$

### 演習問題 2.4　等号否定

次の主張を，等号否定 $\neq$ を使った論理式で表し，証明せよ．ただし，証明の方針（何を仮定して何を導くか）も明示すること．

> $x$ と $y$ が異なるならば，どんな $z$ に対しても，$z$ は $x$ と $y$ の少なくとも一方とは異なる．

なお，対象領域は任意の非空集合とする．

### 演習問題 2.5　全射と単射

集合 $S$ から集合 $T$ への写像 $f : S \to T$ に関する以下の問いに答えよ．

(1) 写像 $f$ が全射であるとは，「$T$ のどの要素も，$S$ のある要素 $x$ の像 $f(x)$ となる」ということである．写像 $f$ が全射であるという性質を，所属の記号 $\in$ や等号 $=$ を使った論理式で表せ．適宜略記を使ってもよい．

(2) 写像 $f$ が単射であることは，$\forall x_1, x_2 \in S\,(f(x_1) = f(x_2) \;\Rightarrow\; x_1 = x_2)$ と表せる．写像 $f$ が単射ではないことを，全称や含意の記号を使わずに論理式で表せ．

(3) 実数上（$S = T = \mathbb{R}$ の場合）の写像 $f(x) = x^3 - 2x^2 + x$ について，$f$ が単射ではないことを，前問 (2) の論理式に沿って証明せよ．ただし，証明の方針も明示すること．

### 演習問題 2.6　2 項関係の性質

集合 $S$ 上の 2 項関係 $\preceq$ を考える．集合 $S$ 上の 2 項関係 $\prec$ を，「$x \prec y \;\Leftrightarrow\; x \preceq y$，かつ，$y \preceq x$ ではない」で定めるとき，「$x \preceq y$ ならば，$y \prec x$ ではない」を証明せよ．ただし，証明の方針も明示すること．

### 演習問題 2.7　集合演算の性質

集合 $S, T$ について，$S \subseteq T \;\Leftrightarrow\; S \cap T = S$ が成り立つことを証明せよ．

### 演習問題 2.8　同値変形による集合の性質の証明

集合 $S, T$ について，$S = T \;\Leftrightarrow\; S \subseteq T \wedge T \subseteq S$ が成り立つことを同値変形により証明せよ．ただし，使った論理法則なども明示すること．

第 3 章

# 自然演繹

## 記号を使って証明を表す

前の章までで，数学的な主張を論理式で表す方法と，論理式の構成に沿って主張の正しさを証明する方法を学んだ．この章では，自然演繹という証明の記号表現を通じて，証明がどんな原理に基づいて組み立てられるかを学ぶ．

この章の大きな到達目標は，次の二つである．

- 自然演繹という枠組みで，記号を使って証明を書ける．
- 記号への意味付けを通して，式を解釈できる．

## 3-1 自然演繹とは

**自然演繹**(natural deduction) は，論理の枠組みの一つであり，人間がふだん行う形に近い推論を記号表現する．自然演繹では，推論の本質部分が推論規則の形に集約され，その推論規則を繰り返し使って証明が作られる．

### 推論の記号表現の例

まずは，自然演繹とは何かを大まかにとらえるために，文章で表した推論の例を自然演繹で表すとどうなるかを見てみよう．(1) 母親はみな女性である，(2) アキラさんは女性ではない，(3) アキラさんは子供好きである，という三つの仮定から，母親でない子供好きがいる，という結論を導く．この推論を文章で表せば，次のようになる．

> (1) 母親はみな女性なのだから，仮にアキラさんが母親だとすると，アキラさんは女性のはずである．しかし，(2) アキラさんは女性ではないので，仮定は誤りで，アキラさんは母親でないとわかる．さらに，(3) アキラさんは子供好きだから，アキラさんは母親でない子供好きである．よって，母親でない子供好きがいる．

この推論を自然演繹で表現するために，まず，証明中に現れる主張を記号で表す．「$x$ は母親」「$x$ は女性」「$x$ は子供好き」をそれぞれ $P(x), Q(x), R(x)$ で，アキラさんを $c$ で表せば，三つの仮定は

$$(1)\ \forall x\,(P(x) \Rightarrow Q(x)) \quad (2)\ \neg Q(c) \quad (3)\ R(c)$$

という論理式で，また，結論は $\exists x\,(\neg P(x) \land R(x))$ という論理式で記号表現できる．

自然演繹では，主張だけでなく，証明も記号を使って図式で表す．上記の証明を自然演繹の枠組みで表したものが，次の図である．

$$\cfrac{\cfrac{\cfrac{\cfrac{\cfrac{\overset{4}{P(c)} \qquad \cfrac{\overset{1}{\forall x\,(P(x)\Rightarrow Q(x))}}{P(c)\Rightarrow Q(c)}\;\forall\mathrm{E}}{Q(c)}\;\Rightarrow\mathrm{E} \qquad \overset{2}{\neg Q(c)}}{\bot}\;\Rightarrow\mathrm{E}}{\neg P(c)}\;\Rightarrow\mathrm{I}\ 4 \qquad \overset{3}{R(c)}}{\neg P(c)\wedge R(c)}\;\wedge\mathrm{I}}{\exists x\,(\neg P(x)\wedge R(x))}\;\exists\mathrm{I}$$

詳しくは後で説明するが，いくつかの推論規則を組み合わせるだけで，上記の文章の推論が図で表せる．推論は，各横線の上段から下段に向けて進む．横線の右には，推論に使う規則の名前が書かれているが，いまのところは，論理記号ごとに用意された規則を使うということが見てとれればよい．

## 推論の記号表現の具体化

自然演繹で大切なのは，記号が表す内容をいったん忘れることで，推論の本質部分を浮き彫りにできる，ということである．つまり上の図では，$P(x), Q(x), R(x)$ や $c$ がどんな内容を表すかによらず，三つの仮定 1, 2, 3 から最下段の結論が導かれる．

たとえば，$P(x), Q(x), R(x)$ がそれぞれ「$x$ は 4 の倍数」「$x$ は偶数」「$x$ は平方数」を表し，$c$ が 9 を表していると考え直せば，まったく同じ論理構造をもつが内容の異なる，次の推論が得られる．

> (1) 4 の倍数はみな偶数なのだから，仮に 9 が 4 の倍数だとすると，9 は偶数のはずである．しかし，(2) 9 は偶数ではないので，仮定は誤りで，9 は 4 の倍数でないとわかる．さらに，(3) 9 は平方数だから，9 は 4 の倍数でない平方数である．よって，4 の倍数でない平方数がある．

これは，(1) 4 の倍数はみな偶数である，(2) 9 は偶数ではない，(3) 9 は平方数である，という三つの仮定から，4 の倍数でない平方数がある，という結論を導く推論である．

**確認問題 3.1**　**推論の例**

上記の推論の形式に当てはまる，別の推論の例を作れ．　▶**解答は p.111**

## 3-2 含意と連言の規則

自然演繹では，推論規則を繰り返し使って推論を進める．よく使うわかりやすいものから順に，推論規則の形と使い方を見ていこう．この節では，証明の中で含意 ($\Rightarrow$) や連言 ($\wedge$) が現れるときに使う推論規則を学ぶ．

### $\Rightarrow$ と $\wedge$ の除去規則

最初に扱うのは，含意の除去規則 ($\Rightarrow$E) である．

含意除去　$$\frac{A \quad A \Rightarrow B}{B} \Rightarrow\mathrm{E}$$

**推論規則** (inference rule) は，線の上に並んだ**前提** (premise) から線の下にある**結論** (conclusion) が導かれることを表す．つまり，上で示した含意の除去規則は，$A$ と「$A$ ならば $B$」という二つの前提から $B$ が導かれる，という三段論法を図式で簡潔に表している．線の右に示された $\Rightarrow$E は規則名の略号である．含意の除去という名前は，前提の論理式 $A \Rightarrow B$ に現れる含意の記号 $\Rightarrow$ が除去 (eliminate) されて，結論にはないことに由来する．

次は，連言の除去規則 ($\wedge\mathrm{E}_1, \wedge\mathrm{E}_2$) である．

連言除去　$$\frac{A \wedge B}{A} \wedge\mathrm{E}_1 \qquad \frac{A \wedge B}{B} \wedge\mathrm{E}_2$$

「$A$ かつ $B$」という前提から，$A$ を導く場合と $B$ を導く場合の 2 種類の規則がある．左右どちらの論理式を導くかを，規則名の添字で区別する．除去規則は，着目する論理記号をどのように使うかという，論理記号の使用法を表す規則である．

推論規則を繰り返し使うことで，証明を表現できる．含意と連言の除去規則を使って，(1) $P \wedge Q$, (2) $P \Rightarrow R \wedge S$, という二つの仮定から，$S$ を導く証明を作ってみよう．推論規則に現れる $A$, $B$ は任意の論理式を表しており，自由に具体化して使える．たとえば，仮定 1 を前提として連言の除去規則 ($\wedge\mathrm{E}_1$) を使うと，

$$\frac{P \wedge Q}{P} \wedge\mathrm{E}_1$$

という導出ができる．さらに，この結論 $P$ と仮定 2 を前提として含意の除去規則 ($\Rightarrow$E) を使えば，

$$\frac{P \quad P \Rightarrow R \wedge S}{R \wedge S} \Rightarrow\mathrm{E}$$

となる．最後に，この結論 $R \wedge S$ を前提として連言の除去規則 ($\wedge\mathrm{E}_2$) を使うと，

$$\frac{R \wedge S}{S} \wedge\mathrm{E}_2$$

となり，結論として $S$ が得られる．

次の例題に示すように，規則を繰り返し使った何段階かの推論を上下に重ね合わせれば，一連の推論を一つの図式にまとめて表せる．

**例題 3.1** 二つの仮定 $P \wedge Q$ と $P \Rightarrow R \wedge S$ から，結論 $S$ を導く自然演繹の証明を作れ．

**解答** 証明は以下のとおり．

$$\cfrac{\cfrac{\cfrac{\overset{1}{P \wedge Q}}{P} \wedge\mathrm{E}_1 \quad \overset{2}{P \Rightarrow R \wedge S}}{R \wedge S} \Rightarrow\mathrm{E}}{S} \wedge\mathrm{E}_2$$

論理式の上の 1, 2 は，仮定の番号である．なお，規則名 $\wedge\mathrm{E}_1$, $\wedge\mathrm{E}_2$ の添字は 2 種類の除去規則を区別するもので，仮定の番号とは無関係なことに注意しよう．

**確認問題 3.2** **規則の利用**

次の三つの仮定から $S$ を導く自然演繹の証明を作れ． ▶**解答は p.111**

(1) $(P \Rightarrow Q) \Rightarrow (R \Rightarrow S)$
(2) $R \Rightarrow (P \Rightarrow Q)$
(3) $R$

## $\Rightarrow$ と $\wedge$ の導入規則

自然演繹には，規則の上段にある論理式から特定の論理記号を取り除く除去規則のほかに，規則の上段にない論理記号を付け足して下段の論理式を作る導入規則がある．まずは，含意の導入規則 ($\Rightarrow$I) を見よう．

$$\text{含意導入}\qquad \dfrac{\begin{matrix} \overset{i}{A} \\ \vdots \\ B \end{matrix}}{A \Rightarrow B} \Rightarrow\mathrm{I}\ i$$

この規則は，含意の前提 $A$ を仮定して結論 $B$ を導くという，含意の直接証明を図式で表している．図式中に $\vdots$ で示した部分の証明は未完成であり，規則を繰り返し使って間を埋める必要がある．番号 $i$ を付けた仮定 $A$ から，何回か（0回以上）の規則適用の後に $B$ が導ければ，規則 $\Rightarrow$I を使って $A \Rightarrow B$ を導ける，ということである．規則名 $\Rightarrow$I の右に添えた番号 $i$ は，証明中で一時的に設けた $i$ 番目の仮定 $A$ をこの規則で使い終えた，ということを表す．含意の導入という名前は，除去の場合とは逆に，規則の前提 $B$ にない含意の記号 $\Rightarrow$ が，結論に導入 (introduce) されて現れることに由来する．

次は，連言の導入規則 ($\wedge$I) である．

$$\text{連言導入}\qquad \dfrac{A \quad B}{A \wedge B}\ \wedge\mathrm{I}$$

$A$ と $B$ の両方を示せば「$A$ かつ $B$」を証明できる，ということである．

含意と連言の導入規則を使って，証明を作ってみよう．例として，$Q \Rightarrow R$ という仮定から $P \wedge Q \ \Rightarrow\ P \wedge R$ を導く証明を考える．証明すべき論理式は $A \Rightarrow B$ という含意の形だから，含意の導入規則 ($\Rightarrow$I) を使う．

$$\dfrac{\begin{matrix} \overset{2}{P \wedge Q} \\ \vdots \\ P \wedge R \end{matrix}}{P \wedge Q \ \Rightarrow\ P \wedge R} \Rightarrow\mathrm{I}\ 2$$

つまり，含意 $P \wedge Q \ \Rightarrow\ P \wedge R$ を証明するために，前提 $P \wedge Q$ を仮定して結論 $P \wedge R$ を導く．番号1は，与えられた仮定 $Q \Rightarrow R$ に使うことにして，含意の前提 $P \wedge Q$ に仮定の番号2を割り当てる．除去規則を使ったときは，上段から下段に向けて1段ずつ証明を進めたが，導入規則を使うときは，下段から上段へ向けて1段ずつ積み重ねると証明を作りやすい．次の目標は，与えられた仮定1

$(Q \Rightarrow R)$ と新しく設けた仮定 2 $(P \land Q)$ の二つから，$P \land R$ を導くことである．証明すべき論理式は $A \land B$ という連言の形だから，連言の導入規則 $(\land\mathrm{I})$ を使う．

$$\dfrac{P \quad R}{P \land R}\land\mathrm{I}$$

この結果，仮定 1, 2 から $P$ を導く証明と，仮定 1, 2 から $R$ を導く証明の二つが残る．どちらも，これまでに扱った連言と含意の除去規則を使って証明できる．証明全体を，次の例題の解答として示す．

**例題 3.2** 仮定 $Q \Rightarrow R$ から結論 $P \land Q \Rightarrow P \land R$ を導く自然演繹の証明を作れ．

**解答** 証明は以下のとおり．

$$\dfrac{\dfrac{\dfrac{\overset{2}{P \land Q}}{P}\land\mathrm{E}_1 \qquad \dfrac{\dfrac{\overset{2}{P \land Q}}{Q}\land\mathrm{E}_2 \quad \overset{1}{Q \Rightarrow R}}{R}\Rightarrow\mathrm{E}}{P \land R}\land\mathrm{I}}{P \land Q \Rightarrow P \land R}\Rightarrow\mathrm{I}\ 2$$

仮定は証明中で何度使ってもよいことに注意しよう．上の図中では，含意の導入規則 $(\Rightarrow\mathrm{I})$ を使うときに新たに設けた仮定 2 が 2 度使われている．

**確認問題 3.3 仮定番号と規則名**

次に示された自然演繹の証明に，仮定の番号と規則の名前を書き足せ． ▶解答は p.112

$$\dfrac{\dfrac{\dfrac{P \quad \dfrac{(P \Rightarrow Q) \land (Q \Rightarrow R)}{P \Rightarrow Q}}{Q} \qquad \dfrac{(P \Rightarrow Q) \land (Q \Rightarrow R)}{Q \Rightarrow R}}{\dfrac{R}{P \Rightarrow R}}}{(P \Rightarrow Q) \land (Q \Rightarrow R) \Rightarrow (P \Rightarrow R)}$$

**確認問題 3.4 含意規則と連言規則を使う証明**

仮定 $P \Rightarrow Q \land R$ から結論 $P \land Q \Rightarrow R$ を導く自然演繹の証明を作れ． ▶解答は p.112

これまでの証明は，いくつかの仮定から結論を導くものだった．次の問題では，一時的に設けた仮定がすべて取り除かれて，結論が仮定なしに導ける証明を扱う．

**確認問題 3.5 仮定なしの証明**

自然演繹で命題 $P \land Q \Rightarrow (P \Rightarrow Q)$ を証明せよ． ▶解答は p.113

## 3-3 選言と矛盾の規則

この節では，推論で選言 ($\vee$) や矛盾 ($\perp$) を扱うための推論規則を学ぶ．矛盾の記号を使うと否定 ($\neg$) を表せるので，矛盾の規則を使えば，否定を扱う証明も記号表現できる．

### $\vee$ の規則

選言についても，導入と除去の 2 種類の規則がある．選言の導入規則 ($\vee\mathrm{I}_1, \vee\mathrm{I}_2$) は，選言 $A \vee B$ の証明法を表している．

選言導入　$$\frac{A}{A \vee B}\,\vee\mathrm{I}_1 \qquad \frac{B}{A \vee B}\,\vee\mathrm{I}_2$$

$A$ か $B$ のどちらか一方が示せれば，「$A$ または $B$」を導けるので，左の論理式 $A$ から $A \vee B$ を導く場合と，右の論理式 $B$ から $A \vee B$ を導く場合の 2 種類の規則が用意されている．規則名の添字は，左右どちらの論理式から導くかを区別するもので，仮定の番号とは無関係である．

選言の除去規則 ($\vee$E) は，場合分けによる証明を表す．

選言除去　$$\frac{A \vee B \quad \begin{matrix} \overset{i}{A} \\ \vdots \\ C \end{matrix} \quad \begin{matrix} \overset{j}{B} \\ \vdots \\ C \end{matrix}}{C}\,\vee\mathrm{E}\ i, j$$

この規則は，「$A$ または $B$」が成り立つとき，$A$ が成り立つと仮定した場合に $C$ が導け，$B$ が成り立つと仮定しても $C$ が導ければ，$A$ と $B$ のどちらが成り立つかによらずに同じ結論 $C$ が導ける，ということを表す．含意の導入規則 ($\Rightarrow$I) と同様に，番号 $i$ と $j$ を付けた一時的な仮定 $A$ と $B$ を設けることができる．ただし，仮定 $i$ は，$A$ から $C$ を導く部分にだけ使え，仮定 $j$ は，$B$ から $C$ を導く部分にだけ使える．ほかの場所では仮定 $i$ や $j$ を使えないことに注意しよう．二つの仮定 $i$ と $j$ は推論規則の横線の位置で除去され，規則の結論の位置では無効になる．

選言の推論規則を使って証明を作ってみよう．自然演繹で $P \land Q \Rightarrow P \lor Q$ を証明する．含意の論理式を証明するには，含意の導入規則 ($\Rightarrow$I) を使って，前提 $P \land Q$ を仮定して結論 $P \lor Q$ を導けばよい．

$$\dfrac{\begin{array}{c}\overset{1}{P \land Q} \\ \vdots \\ P \lor Q\end{array}}{P \land Q \Rightarrow P \lor Q} \Rightarrow\text{I } 1$$

証明を，下から順に1段ずつ積み上げて考えてみよう．次の目標は，$P \lor Q$ を導くことだが，選言の証明には，2種類の選言の導入規則 ($\lor\text{I}_1, \lor\text{I}_2$) が使える．完成させた証明を，次の例題の解答として示す．

**例題 3.3** 自然演繹で $P \land Q \Rightarrow P \lor Q$ を証明せよ．

**解答** 以下の2通りの証明が作れる．

$$\dfrac{\dfrac{\dfrac{\overset{1}{P \land Q}}{P}\land\text{E}_1}{P \lor Q}\lor\text{I}_1}{P \land Q \Rightarrow P \lor Q} \Rightarrow\text{I } 1 \qquad \dfrac{\dfrac{\dfrac{\overset{1}{P \land Q}}{Q}\land\text{E}_2}{P \lor Q}\lor\text{I}_2}{P \land Q \Rightarrow P \lor Q} \Rightarrow\text{I } 1$$

規則の使い方を変えることによって，同じ結論を導く複数の証明を作れる，ということに注意しよう．

**確認問題 3.6** **選言規則を使う証明**

仮定 $P \lor Q$ から結論 $P \lor (Q \lor R)$ を導く自然演繹の証明を作れ． ▶**解答は p.113**

## ⊥ 規則

続いて，自然演繹での矛盾の扱い方を表す，矛盾規則 (⊥) を取り上げる．

| 矛盾 | $\dfrac{\bot}{A}\ \bot$ |
|---|---|

規則の前提の ⊥ は2.4節で扱った偽の命題の記号であり，推論の途中で導かれた矛盾を表している．論理式 $A$ にはどんな論理式を選んでもよいから，この規則は，証明中で矛盾が導かれたら結論として何でも導ける，ということを表してい

る．規則を見ただけではわかりにくいので，証明の具体例の中でどう使われるかを見ていく．

自然演繹による $(P \Rightarrow \bot) \vee Q \ \Rightarrow \ (P \Rightarrow Q)$ の証明を考えよう．証明すべき論理式は前提が $(P \Rightarrow \bot) \vee Q$ で結論が $P \Rightarrow Q$ の含意だから，含意の導入規則を使って，証明を下から積み上げる順に考える．前提を仮定1とよぶことにして，次に $P \Rightarrow Q$ を導く．これも含意の論理式だから，再び導入規則を使い，前提 $P$ を仮定2とよび，$Q$ を導く．

$$\dfrac{\dfrac{Q}{P \Rightarrow Q}\ {\Rightarrow}\mathrm{I}\ 2}{(P \Rightarrow \bot) \vee Q \ \Rightarrow \ (P \Rightarrow Q)}\ {\Rightarrow}\mathrm{I}\ 1$$

残るのは，$(P \Rightarrow \bot) \vee Q$ と $P$ という二つの仮定から $Q$ を導く，という証明問題である．仮定1は「$P \Rightarrow \bot$ または $Q$」という選言の形だから，選言の除去規則（場合分けの証明）が使える．

$$\dfrac{\overset{1}{(P \Rightarrow \bot) \vee Q} \qquad \begin{matrix} \overset{3}{P \Rightarrow \bot} \\ \vdots \\ Q \end{matrix} \qquad \begin{matrix} \overset{4}{Q} \\ \vdots \\ Q \end{matrix}}{Q}\ \vee\mathrm{E}\ 3,4$$

つまり，$P \Rightarrow \bot$ を仮定する場合にも $Q$ を仮定する場合にも，（必要なら仮定1, 2を使って）$Q$ が導ければよい．場合分けで新たに設ける仮定には，新しい番号3, 4を割り当てる．仮定4は場合分けで証明すべき目標である $Q$ そのものだから，（仮定1, 2と）仮定3から $Q$ を導く部分だけを考えればよい．この部分には，含意の除去規則と矛盾規則 $(\bot)$ を順に使う．

$$\dfrac{\dfrac{\overset{2}{P} \quad \overset{3}{P \Rightarrow \bot}}{\bot}\ {\Rightarrow}\mathrm{E}}{Q}\ \bot$$

$P$（仮定2）のもとでは，$P \Rightarrow \bot$（仮定3）が成り立つとすると矛盾が生じる．つまり，仮定2のもとでは，仮定3,4の場合分けのうち，仮定3の場合はあり得ない，ということである．そこで，矛盾規則を使って，結論を仮定4の場合に一致させて $Q$ を導く．一つの図にまとめた証明を，次の例題の解答として示す．

**例題 3.4**　自然演繹で $(P \Rightarrow \bot) \vee Q \;\Rightarrow\; (P \Rightarrow Q)$ を証明せよ．

**解答**

$$\dfrac{\dfrac{\dfrac{\overset{1}{(P \Rightarrow \bot) \vee Q} \qquad \dfrac{\dfrac{\overset{2}{P} \quad \overset{3}{P \Rightarrow \bot}}{\bot}\Rightarrow\mathrm{E}}{Q}\,\bot \qquad \overset{4}{Q}}{Q}\vee\mathrm{E}\ 3,4}{P \Rightarrow Q}\Rightarrow\mathrm{I}\ 2}{(P \Rightarrow \bot) \vee Q \;\Rightarrow\; (P \Rightarrow Q)}\Rightarrow\mathrm{I}\ 1$$

なお，矛盾 $\bot$ は偽の命題を表すから，この例題の $P \Rightarrow \bot$ を簡潔に表す論理式が $\neg P$ であると考えてもよい．すると，結論の論理式は $\neg P \vee Q \;\Rightarrow\; (P \Rightarrow Q)$ という論理法則を表しているといえる．

**確認問題 3.7**　**矛盾規則を使う証明**

自然演繹で $(P \vee Q) \wedge (P \Rightarrow \bot) \;\Rightarrow\; Q$ を証明せよ．　▶**解答は p.113**

## 3-4　否定と同値の代用規則

否定 $\neg A$ を $A \Rightarrow \bot$ の略記とみなす考え方を，前の節の最後に触れた．この節では，この読み替えが妥当であることを確認する．さらに，同値 $A \Leftrightarrow B$ を $(A \Rightarrow B) \wedge (B \Rightarrow A)$ で読み替えて，同値 $(\Leftrightarrow)$ についての推論を連言の規則で代用する考え方を学ぶ．

### ¬ の扱い

否定 $\neg A$ を $A \Rightarrow \bot$ の略記とみなして，規則を代用する考え方がうまくいくことを確かめるため，3.2 節で扱った含意の二つの推論規則を次の形に具体化する．

$$\dfrac{\begin{array}{c} i \\ A \\ \vdots \\ \bot \end{array}}{A \Rightarrow \bot}\Rightarrow\mathrm{I}\ i \qquad\qquad \dfrac{A \quad A \Rightarrow \bot}{\bot}\Rightarrow\mathrm{E}$$

得られた推論の $A \Rightarrow \bot$ を $\neg A$ に読み替える．

$$\dfrac{\begin{matrix} i \\ A \\ \vdots \\ \bot \end{matrix}}{\neg A} \Rightarrow\mathrm{I}\ i \qquad \dfrac{A \quad \neg A}{\bot} \Rightarrow\mathrm{E}$$

左は「$A$ を仮定して矛盾が生じれば $\neg A$ が導ける」という，否定の証明法に対応し，右は「$A$ とその否定 $\neg A$ から矛盾が導ける」という，矛盾の論理法則の適用に対応する．つまり，$\neg A$ と $A \Rightarrow \bot$ との読み替えを許せば，否定の推論規則は不要になり，含意の推論規則で代用できる．

例題 3.4 の証明を，否定の略記を使って読み替えよう．

$$\dfrac{\dfrac{\dfrac{\overset{1}{\neg P \vee Q} \qquad \dfrac{\dfrac{\overset{2}{P} \quad \overset{3}{\neg P}}{\bot} \Rightarrow\mathrm{E}}{Q} \bot \qquad \overset{4}{Q}}{Q} \vee\mathrm{E}\ 3,4}{P \Rightarrow Q} \Rightarrow\mathrm{I}\ 2}{\neg P \vee Q \ \Rightarrow\ (P \Rightarrow Q)} \Rightarrow\mathrm{I}\ 1$$

この証明を読み下してみる．最下段の含意を証明するには，(1)「$P$ でないか，または，$Q$」を仮定して，「$P$ ならば $Q$」を導けばよい．この含意を示すため，さらに (2) $P$ を仮定して $Q$ を導く．「$P$ でないか，または，$Q$」を仮定したので，(3) $P$ でない場合と (4) $Q$ の場合に分けて，$Q$ を示す．$P$ でないときは，別の仮定 $P$ に矛盾するから，この場合はあり得ない．したがって，残る場合の $Q$ が示すべきことと一致する．

**例題 3.5**　二重否定に関する含意命題 $P \Rightarrow \neg\neg P$ を自然演繹で証明せよ．

**解答**　証明は以下のとおり．

$$\dfrac{\dfrac{\dfrac{\overset{1}{P} \quad \overset{2}{\neg P}}{\bot} \Rightarrow\mathrm{E}}{\neg\neg P} \Rightarrow\mathrm{I}\ 2}{P \Rightarrow \neg\neg P} \Rightarrow\mathrm{I}\ 1$$

含意の導入規則 ($\Rightarrow$I) の二つの使い方に注意しよう．最下段は，含意 $P \Rightarrow \neg\neg P$ の証明のために前提を仮定して結論を導く使い方である．一方，そのすぐ上は，この節で学んだ規則代用である．$\neg\neg P$ という否定命題を導くため，これを $\neg P \Rightarrow \bot$ と読み替えたうえで，$\neg P$ を仮定して矛盾を導く．一番上の段も，この節で学んだ規則の使い方である．つまり，否定の除去のために $\neg P$ を $P \Rightarrow \bot$ に展開して，含意の除去規則 ($\Rightarrow$E) を使う．

**確認問題 3.8　否定の代用規則を使う証明**

自然演繹で $P \Rightarrow \neg(\neg P \land Q)$ を証明せよ． ▶**解答は p.113**

## $\Leftrightarrow$ の扱い

同値も，否定と同じく略記ととらえて扱える．同値 $A \Leftrightarrow B$ を両方向の含意の連言 $(A \Rightarrow B) \land (B \Rightarrow A)$ と読み替えれば，3.2 節で扱った連言の推論規則の特別な場合とみなせる．

$$\dfrac{A \Rightarrow B \quad B \Rightarrow A}{A \Leftrightarrow B}\,\land\mathrm{I} \qquad \dfrac{A \Leftrightarrow B}{A \Rightarrow B}\,\land\mathrm{E}_1 \qquad \dfrac{A \Leftrightarrow B}{B \Rightarrow A}\,\land\mathrm{E}_2$$

ここまでの復習を兼ねて，同値の論理法則を証明してみよう．

**例題 3.6**　ド・モルガンの法則 $\neg(P \lor Q) \Leftrightarrow \neg P \land \neg Q$ を自然演繹で証明せよ．

**解答**　この同値命題を示すには，次の形の証明を作ればよい．

$$\dfrac{\dfrac{\begin{matrix} i \\ \neg(P \lor Q) \\ \vdots \\ \neg P \land \neg Q \end{matrix}}{\neg(P \lor Q) \Rightarrow \neg P \land \neg Q}\,\Rightarrow\mathrm{I}\ i \qquad \dfrac{\begin{matrix} j \\ \neg P \land \neg Q \\ \vdots \\ \neg(P \lor Q) \end{matrix}}{\neg P \land \neg Q \Rightarrow \neg(P \lor Q)}\,\Rightarrow\mathrm{I}\ j}{\neg(P \lor Q) \Leftrightarrow \neg P \land \neg Q}\,\land\mathrm{I}$$

仮定番号 $i$ を 1 から使って，証明の左半分を作る．

$$\dfrac{\dfrac{\dfrac{\dfrac{\dfrac{\overset{2}{P}}{P \lor Q}\,\lor\mathrm{I}_1 \quad \overset{1}{\neg(P \lor Q)}}{\bot}\,\Rightarrow\mathrm{E}}{\neg P}\,\Rightarrow\mathrm{I}\ 2 \qquad \dfrac{\dfrac{\dfrac{\overset{3}{Q}}{P \lor Q}\,\lor\mathrm{I}_2 \quad \overset{1}{\neg(P \lor Q)}}{\bot}\,\Rightarrow\mathrm{E}}{\neg Q}\,\Rightarrow\mathrm{I}\ 3}{\neg P \land \neg Q}\,\land\mathrm{I}}{\neg(P \lor Q) \Rightarrow \neg P \land \neg Q}\,\Rightarrow\mathrm{I}\ 1$$

続いて，仮定番号が重ならないように $j$ を 4 から使って，証明の右半分を作る．

$$
\cfrac{\cfrac{\cfrac{\overset{5}{P \lor Q} \qquad \cfrac{\overset{6}{P} \quad \cfrac{\overset{4}{\neg P \land \neg Q}}{\neg P}\ \land\mathrm{E}_1}{\bot}\ \Rightarrow\mathrm{E} \qquad \cfrac{\overset{7}{Q} \quad \cfrac{\overset{4}{\neg P \land \neg Q}}{\neg Q}\ \land\mathrm{E}_2}{\bot}\ \Rightarrow\mathrm{E}}{\bot}\ \lor\mathrm{E}\ 6,7}{\neg(P \lor Q)}\ \Rightarrow\mathrm{I}\ 5}{\neg P \land \neg Q \Rightarrow \neg(P \lor Q)}\ \Rightarrow\mathrm{I}\ 4
$$

これらを組み合わせたものが答えである.

**確認問題 3.9　同値の代用規則を使う証明**

自然演繹で $P \land \neg P \Leftrightarrow \bot$ を証明せよ.　▶**解答は p.114**

ここまでで,論理結合子についての基本的な推論規則を学んできた.これだけでも,さまざまな命題を証明できるはずである.2.4 節にまとめた各種の論理法則が,自然演繹で証明できるかどうかを試し,理解度を確かめるとよい.

## 3-5　背理法の規則

ここまで学んできた規則を使いこなせば,論理記号として結合子だけが現れる証明の大部分を自然演繹で表せる.しかし,これまでの規則だけでは,二重否定の除去の法則など,矛盾や否定を使ったある種の論理法則が証明できない.この節では,矛盾を扱う推論規則を一つ追加することで,そのような証明も自然演繹で表せるようにする.

### 自然演繹による二重否定の除去

二重否定の法則について再び考える.第 1 章の方法で命題の真偽を考えれば,命題 $P$ の真偽によらず,$P$ とそれを二重に否定した $\neg\neg P$ とは真偽が一致するから,$P \Rightarrow \neg\neg P$ と $\neg\neg P \Rightarrow P$ は恒真である.つまり,これらの両方向の含意の真理値表の結果の欄には真を表す 1 が並び,両方の含意が常に成り立つ.

含意 $P \Rightarrow \neg\neg P$ が自然演繹で証明できることは,前の節の例題 3.5 で確かめた.一方で二重否定の除去,つまり前提が二重否定の含意 $\neg\neg P \Rightarrow P$ は,自然演繹で証明できるだろうか.含意命題の証明には,含意の導入規則 ($\Rightarrow$I) を使うのが自然なので,前提 $\neg\neg P$ を仮定して結論 $P$ を導くという方針で証明を試みよう.

$$\dfrac{\begin{array}{c}\overset{1}{\neg\neg P}\\ \vdots\\ P\end{array}}{\neg\neg P \Rightarrow P}\Rightarrow\mathrm{I}\ 1$$

仮定 $\neg\neg P$ は $\neg P \Rightarrow \bot$ の略記である．この含意を使うには前提 $\neg P$ を導く必要がある．$\neg P$ が導ければ $\neg\neg P$ と合わせて矛盾を導けるので都合がよい．$\neg P$ を導くには，$P$ を仮定して矛盾を示す．ここまでの証明を下の図式にまとめよう．

$$\dfrac{\dfrac{\dfrac{\dfrac{\begin{array}{c}\overset{2}{P}\\ \vdots\\ \bot\end{array}}{\neg P}\Rightarrow\mathrm{I}\ 2 \quad \overset{1}{\neg\neg P}}{\bot}\Rightarrow\mathrm{E}}{P}\ \bot}{\neg\neg P \Rightarrow P}\Rightarrow\mathrm{I}\ 1$$

残る問題は仮定として使える $\neg\neg P$ と $P$ から矛盾を示すことだが，これは無理なように見える．実は，いままでに学んだ推論規則を使うだけでは，二重否定の除去の含意は証明できないことが知られている．

## 背理法規則

二重否定の除去も導出できるようにするため，次の推論規則を追加する．

背理法 $\dfrac{\begin{array}{c}\overset{i}{\neg A}\\ \vdots\\ \bot\end{array}}{A}\ \bot_{\mathrm{c}}\ i$

この規則は「$A$ を証明するために，その否定 $\neg A$ を仮定して矛盾を導く」という，一種の背理法を表す推論規則である．3.3 節で扱った矛盾規則と形がよく似ていることに注意しよう．矛盾規則では，一時的な仮定を新たに設けることはできなかったが，この規則では結論の否定を仮定として使える．推論規則の仮定は，その結論を導く部分で何回使ってもよいので，0 回使う特別な場合が矛盾規則ととらえることもできる．つまり，背理法規則は，矛盾規則に仮定を設けるはたらきを加えたものといえる．

背理法規則を使うことで，次のように，どんな論理式 $A$ についても二重否定の除去 $\neg\neg A \Rightarrow A$ を証明できる．

$$\dfrac{\dfrac{\dfrac{\overset{2}{\neg A} \quad \overset{1}{\neg\neg A}}{\bot}\ \Rightarrow\mathrm{E}}{A}\ \bot_{\mathrm{c}}\ 2}{\neg\neg A \Rightarrow A}\ \Rightarrow\mathrm{I}\ 1$$

下から2段目の $A$ を導くために，背理法の規則を使って $\neg A$ という仮定を設けて矛盾 $\bot$ を導いている，ということに注意しよう．なお，最上段の規則適用では，$\neg\neg A$ を $\neg A \Rightarrow \bot$ に読み替えている．

**確認問題 3.10　背理法規則を使う証明**

自然演繹で $(\neg P \Rightarrow \neg Q) \Rightarrow (Q \Rightarrow P)$ を証明せよ．▶**解答は p.114**

## 直観主義論理と古典論理

論理学にはさまざまな考え方や方法があり，二重否定の除去や背理法規則に基づく推論を認めない，という立場を**直観主義論理** (intuitionistic logic) という．一方，第1章で考えたような，命題が必ず真か偽かのどちらかに決まると考え，背理法規則や二重否定の除去を許す論理学の立場を**古典論理** (classical logic) という．背理法や二重否定の除去は，通常の数学的な推論の場面で広く使われる考え方である．本書の目的の一つは，数学の証明の基本的な仕組みを理解することなので，第1章で扱った論理法則が導出できるように，古典論理で扱う推論規則をすべて取り扱うことにする．なお，背理法規則の記号名 $(\bot_{\mathrm{c}})$ の c は，古典論理の推論規則であることを表す．

古典論理では，命題が真でも偽でもない場合を許さないので，排中律 $A \vee \neg A$ が常に成り立つ．排中律も，背理法規則を使うことで次のように導ける．

$$\dfrac{\dfrac{\dfrac{\dfrac{\dfrac{\dfrac{\overset{2}{A}}{A \vee \neg A}\ \vee\mathrm{I}_1 \quad \overset{1}{\neg(A \vee \neg A)}}{\bot}\ \Rightarrow\mathrm{E}}{\neg A}\ \Rightarrow\mathrm{I}\ 2}{A \vee \neg A}\ \vee\mathrm{I}_2 \quad \overset{1}{\neg(A \vee \neg A)}}{\bot}\ \Rightarrow\mathrm{E}}{A \vee \neg A}\ \bot_{\mathrm{c}}\ 1$$

証明で使われる一時的な仮定 1, 2 は，それぞれ $\perp_c$ と $\Rightarrow$I の規則適用の後では使えない．つまり，$A \vee \neg A$ はどちらの仮定にも依存しない結論である．これは，古典論理で考える場合，どんな論理式 $A$ についても，$A$ か $\neg A$ かの二つに場合分けして証明を進めてよい，ということを意味する．

## 3-6 述語を扱う準備

この章では，自然演繹という論理体系で，記号を使って証明を表すための推論規則を学んできた．ここまでの推論規則で扱えるのは，論理記号として結合子 ($\Rightarrow$, $\wedge$, $\vee$, $\perp$, $\neg$, $\Leftrightarrow$) だけが現れる論理式に限られる．残る論理記号である量化子 ($\forall$, $\exists$) の推論規則を次の節で学ぶ前に，この節では，量化子が現れる論理式を扱うための準備をする．

### 命題論理と述語論理

論理式に使う記号を命題と論理結合子（と補助記号の括弧）に限定した論理を，**命題論理** (propositional logic) という．それに対して，1 変数以上の述語や量化子も扱う論理を，**述語論理** (predicate logic) という．関係を表す述語があっても，証明の表し方や作り方はまったく変わらない．$P, Q$ が命題（0 変数の述語）を表すときと，$P, Q$ が 1 変数の述語を表すときについて，連言の交換法則の証明を自然演繹で表して比べてみよう．

$$\dfrac{\dfrac{\dfrac{\overset{1}{P \wedge Q}}{Q}\wedge\mathrm{E}_2 \quad \dfrac{\overset{1}{P \wedge Q}}{P}\wedge\mathrm{E}_1}{Q \wedge P}\wedge\mathrm{I}}{P \wedge Q \Rightarrow Q \wedge P}\Rightarrow\mathrm{I}\ 1 \qquad \dfrac{\dfrac{\dfrac{\overset{1}{P(x) \wedge Q(x)}}{Q(x)}\wedge\mathrm{E}_2 \quad \dfrac{\overset{1}{P(x) \wedge Q(x)}}{P(x)}\wedge\mathrm{E}_1}{Q(x) \wedge P(x)}\wedge\mathrm{I}}{P(x) \wedge Q(x) \Rightarrow Q(x) \wedge P(x)}\Rightarrow\mathrm{I}\ 1$$

命題 $P, Q$ が述語 $P(x), Q(x)$ に変わるだけで，証明の構造は同じである．同様に，これまでに扱った自然演繹の証明は，述語を扱う場合にもそのまま通用する．また，述語が 2 変数以上になっても考え方は変わらない．

### 束縛変数と自由変数

述語論理だけにある論理記号は，全称 $\forall$ と存在 $\exists$ の二つの量化子である．たと

えば,「$i$ は $j$ の倍数である」という整数間の関係は，存在記号を使って

$$\exists x \;\; i = x \times j$$

と表せる．ここで，量化子 $\exists$ に続く変数 $x$ のはたらきに注意しよう．$x$ を $y$ に置き換えた論理式

$$\exists y \;\; i = y \times j$$

も「$i$ は $j$ の倍数である」という，$x$ を使った場合と同じ内容を表す．つまり，量化子に続く変数を別の変数に置き換えても，論理式の意味は変わらない．このはたらきをもつ変数は，数学のさまざまな場面で現れる．たとえば，和を表す式

$$\sum_{i=1}^{10} i^2$$

や集合を表す式

$$\{n \in \mathbb{N} \mid n \geq 10\}$$

に現れる変数 $i$ や $n$ は，どちらも別の変数に置き換えても表す内容が変わらない．このように，変数を置き換えても表す内容に影響しない変数を**束縛変数** (bound variable) といい，それ以外の変数を**自由変数** (free variable) という．

**確認問題 3.11　束縛変数の例**

数学で使われる束縛変数のほかの例を挙げよ．▶**解答は p.114**

## 束縛出現と自由出現

変数を束縛するはたらきをもつ量化子などの記号には，その束縛する範囲が決まっている．全称の式 $\forall x\, A$ や存在の式 $\exists x\, A$ が論理式中に現れるとき，$x$ の束縛はその部分式内に限定され，ほかのところにある $x$ は束縛しない．このため，ある場所での自由変数が同じ式の別の場所では束縛変数である，ということも起こる．例として,「$i$ は $j$ の倍数であり，かつ，$i$ は平方数である」という関係を表す次の論理式を考える．

$$\exists x \; i = j \cdot x \;\wedge\; \exists y \; i = y \cdot y$$

右の存在記号が変数 $y$ を束縛する範囲は連言の右側に限られ，この部分の束縛変数 $y$ を一斉に $j$ に置き換えても式の内容は変わらない．

$$\exists x\ i = j \cdot x\ \land\ \exists j\ i = j \cdot j$$

このとき，最初に現れる $j$ は二つ目の量化 $\exists j$ による束縛の影響を受けないので自由変数であり，ほかの $j$ は影響を受けるので束縛変数である．連言の右にある $j$ のように，束縛変数として現れることを**束縛出現** (bound occurrence) といい，連言の左にある $j$ のように，自由変数として現れることを**自由出現** (free occurrence) という．変数が二つのはたらきをもつことによる混乱を防ぐため，束縛変数を置き換えるときは，上の例の $j$ のような，自由変数と束縛変数の混在を避けたほうがよい．

束縛変数を置き換えるときの注意点がもう一つある．束縛変数をもともと自由変数だった変数へと置き換えると，式の意味が変わってしまう．たとえば，上の論理式の連言の左側にある束縛変数 $x$ を $j$ に置き換えると $\exists j\ \ i = j \cdot j$ となり，内容が「$i$ は $j$ の倍数である」という関係から「$i$ は平方数である」という性質へと変わってしまう．このように，束縛変数の置き換えにより，自由変数が束縛変数へと変わってしまうことがある．

**確認問題 3.12　束縛出現と自由出現**

次の論理式の変数の各出現について，束縛出現であるか自由出現であるかを答えよ．また，一つの変数が束縛変数か自由変数のどちらか一方となるように，束縛変数を置き換えよ． ▶**解答は p.115**

$$\exists x\, R(x, y)\ \land\ \forall y\, (R(x, y)\ \Rightarrow\ R(y, x))$$

## 代入

全称や存在についての推論を自然演繹で扱うとき，論理式に現れる変数を別の変数や式に置き換えることがよくある．整数を扱う場合の $x$ や $0$ や $j \cdot x$ など，対象を表す式を**項** (term) とよぶ．論理式 $A$ に現れる変数 $x$ の自由出現をすべて項 $t$ に置き換えた結果の論理式を $A[x := t]$ で表し，この操作を $x$ への $t$ の**代入** (substitution) という．たとえば，論理式 $A$ が $\exists x\ i = j \cdot x$ のとき，自由変数 $j$ に $3$ を代入した結果の論理式 $A[j := 3]$ は $\exists x\ i = 3 \cdot x$ である．

**確認問題 3.13　代入**

論理式 $A$ が $\exists x\, R(x, y)$ のときの代入の結果 $A[y := a \cdot b]$ と，$B$ が $\forall y\, (R(x, y)\ \Rightarrow\ R(y, x))$ のときの代入の結果 $B[x := a]$ および $B[y := b]$ を求めよ． ▶**解答は p.115**

## 3-7 全称と存在の規則

この節では，全称や存在の量化記号を付け外しするための推論規則を学ぶ．簡単なものから順に見ていこう．

### ∀の規則

まずは，全称の除去規則 (∀E) を扱う．

$$\text{全称除去}\qquad \frac{\forall x\, A}{A[x := t]}\ \forall\mathrm{E}$$

この規則は，論理式 $A$ が $x$ の性質を表すとき，「すべての $x$ について $A$」が成り立つなら，「$x$ として $t$ を選んだ場合の $A$」も成り立つ，という推論を表す．項 $t$ は，対象を表す式ならば何でもよい．たとえば，項として $0$ や $a$ や $x \cdot y$ という式を使える場合には，この規則を使って $\forall x\, P(x)$ から $P(0)$ や $P(a)$ や $P(x \cdot y)$ を導ける．

次は，全称の導入規則 (∀I) である．

$$\text{全称導入}\qquad \frac{A[x := a]}{\forall x\, A}\ \forall\mathrm{I}$$

この規則は，任意の対象を表す変数 $a$ を使って，「論理式 $A$ が表す $x$ についての性質が，$x$ をどのように選んでも成り立つ」が示せれば，「すべての $x$ について $A$」も成り立つ，という全称の証明法を表す．例として，全称命題 $\forall x\,(P(x) \Rightarrow Q(x))$ の証明を規則に当てはめて考える．この証明すべき論理式を $\forall x\, A$ ととらえると，前提の $A[x := a]$ は，$P(x) \Rightarrow Q(x)$ に現れる $x$ を $a$ に置き換えた $P(a) \Rightarrow Q(a)$ に対応する．つまり，全称 $\forall x\,(P(x) \Rightarrow Q(x))$ を証明するには，$P(a) \Rightarrow Q(a)$ を導けばよい．

ここで，全称の導入規則に現れる変数 $a$ についての注意点がある．変数 $a$ はまったく自由に選ばれた対象を表す必要がある．このため全称の導入規則は，次の2種類の場所に $a$ を自由出現させない，という制限付きで使わなければならない．

- 規則の結論
- 規則の結論で有効な仮定

これを推論規則の**変数条件**とよぶ．全称の導入規則は，論理式が前提や結論の形に合えば使えるこれまでの推論規則とは違い，さらに変数条件を満たすときにだけ使える．次の例で変数条件について確かめよう．

**例題 3.7** 自然演繹で $(P \Rightarrow \forall x\, Q(x)) \Rightarrow \forall x\,(P \Rightarrow Q(x))$ を証明せよ．ただし，$P$ は命題を表し，$Q$ は 1 変数の述語を表す．

**解答** 証明は以下のとおり．

$$\dfrac{\dfrac{\dfrac{\dfrac{\dfrac{\overset{2}{P} \quad \overset{1}{P \Rightarrow \forall x\, Q(x)}}{\forall x\, Q(x)}\,\Rightarrow\mathrm{E}}{Q(a)}\,\forall\mathrm{E}}{P \Rightarrow Q(a)}\,\Rightarrow\mathrm{I}\ 2}{\forall x\,(P \Rightarrow Q(x))}\,\forall\mathrm{I}}{(P \Rightarrow \forall x\, Q(x)) \Rightarrow \forall x\,(P \Rightarrow Q(x))}\,\Rightarrow\mathrm{I}\ 1$$

全称命題 $\forall x\, Q(x)$ に対して使う全称の除去規則 ($\forall$E) と，全称命題 $\forall x\,(P \Rightarrow Q(x))$ の証明に使う全称の導入規則 ($\forall$I) の，二つの規則適用に注目しよう．とくに，全称の導入規則を使うときには，変数条件の確認が必要である．まず，規則 $\forall$I の前提 $P \Rightarrow Q(a)$ で使った自由変数 $a$ は，結論 $\forall x\,(P \Rightarrow Q(x))$ には現れない．また，含意の導入規則 ($\Rightarrow$I) のために一時的に設けた仮定 2 は，この規則の使用位置より下で無効になる．したがって，規則 $\forall$I の結論 $\forall x\,(P \Rightarrow Q(x))$ で有効なのは，仮定 1 だけである．仮定 1 $(P \Rightarrow \forall x\, Q(x))$ にも変数 $a$ は現れない．以上より，出現が禁じられた 2 種類の場所に自由変数 $a$ が現れないので，規則 $\forall$I の変数条件が満たされている．

**確認問題 3.14** **変数条件**

次に示された自然演繹の証明に，仮定番号と規則名を書き足せ．また，この証明では変数条件が成り立っているが，なぜ成り立つかを説明せよ． ▶**解答は p.115**

$$\dfrac{\dfrac{\dfrac{\dfrac{\dfrac{\forall x\, P(x) \wedge \forall x\, Q(x)}{\forall x\, P(x)}}{P(a)} \qquad \dfrac{\dfrac{\forall x\, P(x) \wedge \forall x\, Q(x)}{\forall x\, Q(x)}}{Q(a)}}{P(a) \wedge Q(a)}}{\forall x\,(P(x) \wedge Q(x))}}{\forall x\, P(x) \wedge \forall x\, Q(x) \Rightarrow \forall x\,(P(x) \wedge Q(x))}$$

**確認問題 3.15　全称規則を使う証明**

自然演繹で $(P \lor \forall x\, Q(x)) \Rightarrow \forall x\, (P \lor Q(x))$ を証明せよ．ただし，$P$ は命題を表し，$Q$ は 1 変数の述語を表す． ▶**解答は p.116**

## ∃ の規則

次に扱うのは，存在の導入規則 (∃I) である．

存在導入　$$\frac{A[x := t]}{\exists x\, A}\ \exists\mathrm{I}$$

この規則は，$A$ を満たす $x$ が存在することを証明するには，$A$ が成り立つ $x$ を一つ示せばよく，そのような $x$ として $t$ を選べる，という存在の証明法を表す．項 $t$ には，対象を表す式を自由に選んでよい．たとえば，$1$ や $a \cdot b$ といった項を扱う場合には，この規則を使って $P(1)$ や $P(a \cdot b)$ から $\exists x\, P(x)$ を導ける．

最後の規則は，存在の除去規則 (∃E) である．

存在除去　$$\frac{\exists x\, A \qquad \begin{matrix} \overset{i}{A[x := a]} \\ \vdots \\ B \end{matrix}}{B}\ \exists\mathrm{E}\ i$$

論理式 $A$ が変数 $x$ についての性質を表すと考える．この規則は，$A$ を満たす $x$ の存在から結論 $B$ を導くには，$A$ を満たす対象が何であっても同じ結論 $B$ が導ければよい，ということを表す．この規則の考え方は，含意の除去規則 (∨E) に似ている．含意除去が二つの論理式での場合分けの証明を表していたのに対して，存在除去は $A$ を満たす対象 $x$ による場合分けととらえられる．考える対象が有限個の場合には，有限個の場合分けで共通の結論を導けばよいが，対象が無限個ある場合には，推論規則の形に書ききれない．そこで，全称の導入規則 (∀I) と同じ考え方で，まったく自由に選んだ対象を変数 $a$ で表す．

論理式 $A$ が $a$ について成り立つという仮定 $A[x := a]$ は，対象による場合分けの間だけ有効な仮定である．また，変数 $a$ はまったく自由に選ばれた対象を表すので，この規則も全称の導入規則 (∀I) と同様に，変数条件を満たす必要がある．

つまり，規則を使えるのは，次の 2 種類の場所に $a$ が自由出現しないときだけである．

- 規則の前提 $\exists x\, A$ と $B$
- 規則の前提の右式 $B$ で有効な仮定のうち，一時的な仮定 $i$ 以外のもの

次の例で変数条件について確かめよう．

**例題 3.8** 命題 $\exists x\, \neg P(x) \Rightarrow \neg \forall x\, P(x)$ を自然演繹により証明せよ．

**解答** 証明は以下のとおり．

$$\dfrac{\dfrac{\overset{1}{\exists x\, \neg P(x)} \qquad \dfrac{\dfrac{\overset{2}{\forall x\, P(x)}}{P(a)}\,\forall\mathrm{E} \qquad \overset{3}{\neg P(a)}}{\bot}\,\Rightarrow\mathrm{E}}{\dfrac{\bot}{\neg \forall x\, P(x)}\,\Rightarrow\mathrm{I}\ 2}\,\exists\mathrm{E}\ 3}{\exists x\, \neg P(x) \Rightarrow \neg \forall x\, P(x)}\,\Rightarrow\mathrm{I}\ 1$$

この節で学んだ全称の除去規則 ($\forall$E) と存在の除去規則 ($\exists$E) の使い方に注意しよう．規則 $\exists$E では，存在命題 $\exists x\, \neg P(x)$ から矛盾を導いている．このとき，まったく任意に選んだ対象 $a$ が性質 $\neg P(x)$ を満たすという一時的な仮定 $\neg P(a)$ を設けている．存在の除去規則を使うときには，変数条件が成り立つことも確かめる必要がある．この例での規則 $\exists$E の前提は $\exists x\, \neg P(x)$ と $\bot$ であり，このどちらにも $a$ は現れない．また，規則 $\exists$E による一時的な仮定 3 以外の，前提の右式 $\bot$ で有効な仮定は 2 であり，ここにも $a$ は現れない．したがって，規則 $\exists$E の変数条件は満たされている．なお，仮定 3 は，存在の除去規則のために一時的に設けた仮定であり，その結論では無効になっていることに注意しよう．含意の除去規則 ($\Rightarrow$E) の結論として仮定 2 と仮定 3 から導かれた矛盾は，仮定 3 の有効範囲にあり，仮定 3 に依存している．しかし，規則 $\exists$E の結論は，$\neg P(x)$ の $x$ として何を選ぶかによらずに成り立つ結論だから，仮定 3 には依存しないのである．

この例題で扱った命題は，1.7 節や 2.4 節で学んだ全称の否定の論理法則（の一方向の含意）である．1.7 節では，この法則が成り立つことを具体例で確かめたが，ここでは自然演繹で証明した．なお，逆向きの含意の証明には，背理法規則 ($\bot_{\mathrm{c}}$) が必要になる（演習問題 3.2）．

**確認問題 3.16　存在規則の誤用**

次に示すのは，命題 $\exists x\,\neg P(x) \Rightarrow \neg\forall x\,P(x)$ の自然演繹による誤った証明である．どの規則の適用にどんな誤りがあるかを答えよ． ▶**解答は p.116**

$$\cfrac{\cfrac{\cfrac{\cfrac{\overset{2}{\forall x\,P(x)}}{P(a)}\;\forall\mathrm{E} \qquad \cfrac{\overset{1}{\exists x\,\neg P(x)} \quad \overset{3}{\neg P(a)}}{\neg P(a)}\;\exists\mathrm{E}\ 3}{\bot}\;\Rightarrow\mathrm{E}}{\neg\forall x\,P(x)}\;\Rightarrow\mathrm{I}\ 2}{\exists x\,\neg P(x) \Rightarrow \neg\forall x\,P(x)}\;\Rightarrow\mathrm{I}\ 1$$

**確認問題 3.17　存在規則を使う証明**

自然演繹で $\exists x\,(P \vee Q(x)) \Rightarrow P \vee \exists x\,Q(x)$ を証明せよ．ただしこの問題では，$P$ は命題を表し，$Q$ は1変数の述語を表す． ▶**解答は p.116**

## 3-8　推論規則の活用

この節では，これまでに学んだすべての推論規則を一覧の形にまとめて振り返り，推論規則の新たな使い方を学ぶ．

### 推論規則のまとめ

この章で学んだ自然演繹の推論規則をまとめておこう．

［導入規則］　　［除去規則］

$$\cfrac{\boxed{\begin{matrix} i \\ A \\ \vdots \\ B \end{matrix}}}{A \Rightarrow B}\;\Rightarrow\mathrm{I}\ i \qquad\qquad \cfrac{A \quad A \Rightarrow B}{B}\;\Rightarrow\mathrm{E}$$

$$\cfrac{A \quad B}{A \wedge B}\;\wedge\mathrm{I} \qquad\qquad \cfrac{A \wedge B}{A}\;\wedge\mathrm{E}_1 \qquad \cfrac{A \wedge B}{B}\;\wedge\mathrm{E}_2$$

$$\cfrac{A}{A \vee B}\;\vee\mathrm{I}_1 \qquad \cfrac{B}{A \vee B}\;\vee\mathrm{I}_2 \qquad\qquad \cfrac{A \vee B \quad \boxed{\begin{matrix} i \\ A \\ \vdots \\ C \end{matrix}} \quad \boxed{\begin{matrix} j \\ B \\ \vdots \\ C \end{matrix}}}{C}\;\vee\mathrm{E}\ i,j$$

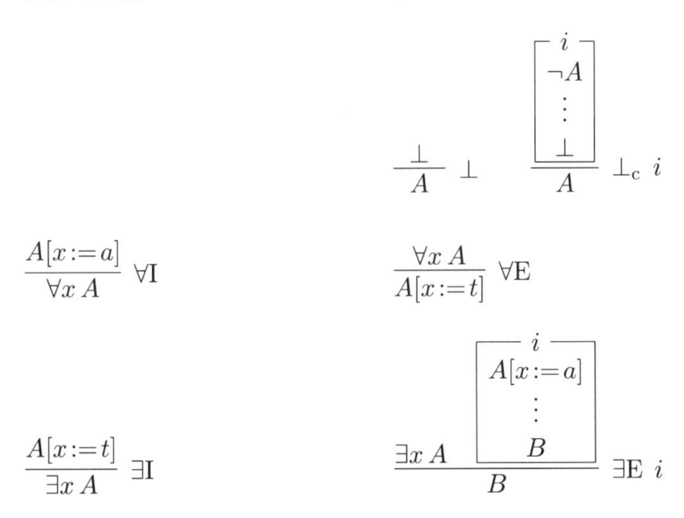


仮定を設定できる規則 ($\Rightarrow$I, $\vee$E, $\bot_c$, $\exists$E) には，各仮定の有効範囲を枠で囲んで示した．枠内の一番下にある論理式を導く部分でなら，その仮定を（0 回以上）何度使ってもよいが，枠の外で使ってはいけない．また，変数条件を満たす場合にだけ使える規則 ($\forall$I, $\exists$E) では，それぞれ特定の場所に変数 $a$ が自由出現する論理式を使えない．

なお，これまでにも説明したように，自然演繹のどの規則を使うかで論理のよび方が異なる．次の表にその分類をまとめる．

| | 命題論理 | | 述語論理 |
|---|---|---|---|
| 直観主義論理 | $\Rightarrow$I | $\Rightarrow$E | 左の規則と |
| | $\wedge$I | $\wedge$E$_1$　$\wedge$E$_2$ | $\forall$I　$\forall$E |
| | $\vee$I$_1$　$\vee$I$_2$ | $\vee$E | $\exists$I　$\exists$E |
| | | $\bot$ | |
| 古典論理 | 上の規則と $\bot_c$ | | 全規則 |

## 関数記号を含む証明

より複雑な証明の例として，これまでは扱わなかった，関数記号を含む論理式も証明してみよう．

**例題 3.9**　$R$ が 2 変数の述語を表し，$f$ が 1 変数の関数を表すものとする．自然演繹で $\forall x\, R(x, f(x)) \;\Rightarrow\; \exists x\, \exists y\, R(f(x), f(y))$ を証明せよ．

**解答**　論理式中の論理記号に合わせた導入規則を使って，1 段ずつ積み上げる形での証明を試みる．

$$
\cfrac{\cfrac{\cfrac{\cfrac{\overset{1}{\forall x\, R(x, f(x))}}{R(f(t_1), f(t_2))}\;\forall \mathrm{E}}{\exists y\, R(f(t_1), f(y))}\;\exists \mathrm{I}}{\exists x\, \exists y\, R(f(x), f(y))}\;\exists \mathrm{I}}{\forall x\, R(x, f(x)) \;\Rightarrow\; \exists x\, \exists y\, R(f(x), f(y))}\;\Rightarrow\!\mathrm{I}\ 1
$$

この証明での存在の導入規則 ($\exists$I) の使い方には工夫が必要である．下から積み上げる場合には，規則 $\exists$I の項 $t$ の選び方がわからないので，仮に $t_1, t_2$ とおいて後で具体化しよう．残る課題は，最下段の使用規則 $\Rightarrow$I で設けた仮定 $\forall R(x, f(x))$ から 2 段目の $R(f(t_1), f(t_2))$ を導くことである．たとえば，$x$ に $f(a)$ を代入すれば，$t_1, t_2$ の部分が次のように決まる．

$$
\cfrac{\cfrac{\cfrac{\cfrac{\overset{1}{\forall x\, R(x, f(x))}}{R(f(a), f(f(a)))}\;\forall \mathrm{E}}{\exists y\, R(f(a), f(y))}\;\exists \mathrm{I}}{\exists x\, \exists y\, R(f(x), f(y))}\;\exists \mathrm{I}}{\forall x\, R(x, f(x)) \;\Rightarrow\; \exists x\, \exists y\, R(f(x), f(y))}\;\Rightarrow\!\mathrm{I}\ 1
$$

全称の除去規則 ($\forall$E) と存在の導入規則 ($\exists$I) で，変数に代入する項 $t$ は，これまで扱った証明のように変数単体に限る必要はない．この例の証明では，規則 $\forall$E の変数 $x$ を項 $f(a)$ で具体化した．また，上から 2 段目の論理式に規則 $\exists$I を使うとき，変数 $y$ に項 $f(a)$ を代入し，上から 3 段目の論理式に規則 $\exists$I を使うとき，変数 $x$ に変数 $a$ を代入した．

**確認問題 3.18**　**関数記号を含む証明**

自然演繹で $\forall x\, \exists y\, R(x, g(y)) \;\Rightarrow\; \exists x\, R(f(c), x)$ を証明せよ．　▶**解答は p.117**

述語論理で背理法規則 ($\bot_{\mathrm{c}}$) を使う証明も作って，自然演繹の推論規則が自由に使いこなせるかを確かめよう．

**例題 3.10**　自然演繹で $\neg \forall x \neg P(x) \Rightarrow \exists x\, P(x)$ を証明せよ．

**解答**　証明は以下のとおり．

$$
\begin{prooftree}
\AxiomC{$\overset{3}{P(a)}$}
\RightLabel{$\exists$I}
\UnaryInfC{$\exists x\, P(x)$}
\AxiomC{$\overset{2}{\neg \exists x\, P(x)}$}
\RightLabel{$\Rightarrow$E}
\BinaryInfC{$\bot$}
\RightLabel{$\Rightarrow$I 3}
\UnaryInfC{$\neg P(a)$}
\RightLabel{$\forall$I}
\UnaryInfC{$\forall x \neg P(x)$}
\AxiomC{$\overset{1}{\neg \forall x \neg P(x)}$}
\RightLabel{$\Rightarrow$E}
\BinaryInfC{$\bot$}
\RightLabel{$\bot_{\mathrm{c}}$ 2}
\UnaryInfC{$\exists x\, P(x)$}
\RightLabel{$\Rightarrow$I 1}
\UnaryInfC{$\neg \forall x \neg P(x) \Rightarrow \exists x\, P(x)$}
\end{prooftree}
$$

2.4 節で学んだように，背理法とは，$A$（と論理同値な命題）を仮定して矛盾を導くことにより $\neg A$（と論理同値な命題）を示す証明法である．この自然演繹の証明では，背理法を 2 種類の推論規則の使用として表している．一つは，含意の導入規則 ($\Rightarrow$I) の使用である．上から 4 段目の $\neg P(a)$ を証明するため，$P(a)$ を仮定して矛盾を導いている．もう一つは，古典論理の矛盾規則 ($\bot_{\mathrm{c}}$)（つまり自然演繹の背理法規則）の使用である．下から 2 段目の $\exists x\ P(x)$ を証明するため，その否定 $\neg\ \exists x\ P(x)$ を仮定して矛盾を導いている．論理式の形の微妙な差に注意しよう．規則 $\Rightarrow$I を使う背理法は，否定の形の論理式の証明法で，否定 $\neg A$ を含意 $A \Rightarrow \bot$ に読み替え，否定を取り除いた $A$ を仮定として使う．逆に規則 $\bot_{\mathrm{c}}$ を使う背理法は，論理式 $A$ を証明するために，否定を付け加えた $\neg A$ を仮定として使う．

**確認問題 3.19**　**述語論理で背理法規則を使う証明**

自然演繹で $\neg \exists x \neg P(x) \Rightarrow \forall x\, P(x)$ を証明せよ．　▶**解答は p.117**

## 3-9　述語論理の構文論

この節と次の節では，推論の方法を厳密に書き表して，その性質を数学的に議論する，という数理論理学の考え方をより詳しく学ぶ．数理論理学では，記号を使った議論を見通しよく進めるために，形式と内容を分けて考える．この節では，論理式を作るための記号の並べ方や，証明を作るための論理式の組み合わせ方など，議論の対象をどんな形で表すかを定める．このような，形式に着目した議論のことを**構文論** (syntax) という．

## 構文論の意義

これまで学んできたように，自然演繹は，論理式で表した主張の証明を図式で表す論理体系である．この体系で証明を進めるには，推論規則を繰り返し適用する．規則の適用は，論理式を分解したり組み立てたりする記号操作から成り立つ．証明が適切に組み立てられているかは，論理式や証明が表す内容とは無関係に，証明の形式だけで決まるという特徴があった．記号で表した証明を作る作業は，式の形を合わせてうまい組み立て方を見つけるパズルのようなものであり，この記号操作が本当に論理的な正しさを保証するものなのか，という疑問が生まれるかもしれない．以下では，数学的な方法によってこの疑問に答えていく．

推論の方法を数学的に厳密に記述して，その性質を議論するには，論理式や証明の記号表現として何が許されて何が許されないかをこれまで以上に明確に定める必要がある．

## 論理式の再定義

まずは，議論の対象を表す式である項を，より正確に定める．1.2 節で，文の構造を分析して，対象や述語を取り出したことを思い出そう．たとえば $n+1$ という式は，二つの部分式 $n$ と 1 を関数記号 $+$ で結び付けた，$((n)+(1))$ という入れ子の構造をしていた．関数記号が項を結び付けて，一回り大きな項を作る．一般に，扱う関数記号が $m$ 個ある場合には，それらを $\mathsf{f}_1, \mathsf{f}_2, \ldots, \mathsf{f}_m$ で表し，それぞれが何変数の関数記号かをあらかじめ決めておく．そのうえで，項を次のように定義する．

**定義 3.1　項**

(1) 変数 $\mathsf{x}_1, \mathsf{x}_2, \ldots$ は項である．

(2) $\mathsf{f}_i$ が $k$ 変数の関数記号で，$t_1, \ldots, t_k$ が項のとき，$\mathsf{f}_i(t_1, \ldots, t_k)$ は項である．

通常の数学の議論で使う関数記号には，足し算 $m+n$ の「$+$」などの中置記号や階乗 $n!$ の「!」などの後置記号も使うが，定義が簡潔になるように，この定義ではすべて前置に統一している．たとえば，関数記号として，2 変数の $\mathsf{f}_1$，1 変数の $\mathsf{f}_2$，0 変数の $\mathsf{f}_3$ を扱う場合を考える．項の定義の (1) より $\mathsf{x}_1$ と $\mathsf{x}_2$ は項である．これと定義の (2) から，$\mathsf{f}_1(\mathsf{x}_1, \mathsf{x}_2)$, $\mathsf{f}_2(\mathsf{x}_2)$, $\mathsf{f}_3()$ もすべて項である．再度 (2) を使えば，$\mathsf{f}_1(\mathsf{f}_2(\mathsf{x}_2), \mathsf{f}_3())$ も項であるとわかる．0 項関数記号 $\mathsf{f}_i$ から作られる項

$\mathsf{f}_i()$ は，見やすさのために $\mathsf{f}_i$ と略記し，定数を表すために使う．

論理式の組み立て方も項とほぼ同じで，部分式を結び付けるのは論理記号である．扱う述語記号 $\mathsf{P}_1, \mathsf{P}_2, \ldots, \mathsf{P}_n$ がそれぞれ何変数であるかを決めたうえで，論理式を次のように定義する．

**定義 3.2　論理式**

(1) $\mathsf{P}_i$ が $k$ 変数の述語記号で $t_1, \ldots, t_k$ が項のとき，$\mathsf{P}_i(t_1, \ldots, t_k)$ は論理式である．

(2) $\bot$ は論理式である．

(3) $A$ と $B$ が論理式のとき，$(A \land B)$ と $(A \lor B)$ と $(A \Rightarrow B)$ は論理式である．

(4) $\mathsf{x}_i$ が変数で $A$ が論理式のとき，$(\forall \mathsf{x}_i\ A)$ と $(\exists \mathsf{x}_i\ A)$ は論理式である．

定義を単純にするため，3.4 節と同様に，否定や同値は略記として扱うことにする．例として，1 変数と 0 変数の関数記号 $\mathsf{f}_1$, $\mathsf{f}_2$ と，2 変数と 1 変数の述語記号 $\mathsf{P}_1$, $\mathsf{P}_2$ を考える．このとき，$(\forall \mathsf{x}_1\ (\mathsf{P}_1(\mathsf{f}_1(\mathsf{x}_1), \mathsf{f}_2) \Rightarrow \bot))$ や $(\exists \mathsf{x}_2\ (\mathsf{P}_2(\mathsf{f}_2) \lor \mathsf{P}_2(\mathsf{f}_1(\mathsf{x}_1))))$ は論理式である．混乱する恐れのないときは，これまでと同様に，括弧を省いて式を読みやすくする．

これで，数学的な主張を論理式として記号で表す土台が整った．論理式の全体は，関数記号と述語記号により決まるので，この 2 種類の記号の集まりを**言語** (language) とよぶ．

## 導出の定義

続いて，言語に基づく推論の記号表現として，導出を定義する．自然演繹の導出も，項や論理式と同じように入れ子の構造をしていて，一回り小さな導出を推論規則で結び付ける形で定義できる．導出 $\mathcal{D}$ の結論が $A$ のとき，この導出の結論を明示して $\begin{matrix}\mathcal{D}\\ A\end{matrix}$ と表す．

**定義 3.3　導出**

(1) 論理式 $A$ は，結論が $A$ の導出である．
この導出が依存する仮定は $A$ 自身である．

(2) $\begin{matrix}\mathcal{D}\\ B\end{matrix}$ が導出のとき，$\dfrac{\begin{matrix}\mathcal{D}\\ B\end{matrix}}{A \Rightarrow B} \Rightarrow\mathrm{I}$ は導出である．
この導出は，$\mathcal{D}$ の $A$ 以外の仮定に依存する．

(3) $\begin{matrix}\mathcal{D}_1\\ A\end{matrix}$ と $\begin{matrix}\mathcal{D}_2\\ A\Rightarrow B\end{matrix}$ が導出のとき，$\dfrac{\begin{matrix}\mathcal{D}_1 & \mathcal{D}_2\\ A & A\Rightarrow B\end{matrix}}{B}\Rightarrow\mathrm{E}$ は導出である．

この導出は，$\mathcal{D}_1$ と $\mathcal{D}_2$ の両方の仮定に依存する．

(4) $\begin{matrix}\mathcal{D}_1\\ A\end{matrix}$ と $\begin{matrix}\mathcal{D}_2\\ B\end{matrix}$ が導出のとき，$\dfrac{\begin{matrix}\mathcal{D}_1 & \mathcal{D}_2\\ A & B\end{matrix}}{A\wedge B}\wedge\mathrm{I}$ は導出である．

この導出は，$\mathcal{D}_1$ と $\mathcal{D}_2$ の両方の仮定に依存する．

(5) $\begin{matrix}\mathcal{D}\\ A\wedge B\end{matrix}$ が導出のとき，$\dfrac{\begin{matrix}\mathcal{D}\\ A\wedge B\end{matrix}}{A}\wedge\mathrm{E}_1$ と $\dfrac{\begin{matrix}\mathcal{D}\\ A\wedge B\end{matrix}}{B}\wedge\mathrm{E}_2$ は導出である．

どちらの導出も $\mathcal{D}$ と同じ仮定に依存する．

(6) $\begin{matrix}\mathcal{D}_1\\ A\end{matrix}$ と $\begin{matrix}\mathcal{D}_2\\ B\end{matrix}$ が導出のとき，$\dfrac{\begin{matrix}\mathcal{D}_1\\ A\end{matrix}}{A\vee B}\vee\mathrm{I}_1$ と $\dfrac{\begin{matrix}\mathcal{D}_2\\ B\end{matrix}}{A\vee B}\vee\mathrm{I}_2$ は導出である．

各導出は，それぞれ $\mathcal{D}_1, \mathcal{D}_2$ と同じ仮定に依存する．

(7) $\begin{matrix}\mathcal{D}\\ A\vee B\end{matrix}$ と $\begin{matrix}\mathcal{D}_1\\ C\end{matrix}$ と $\begin{matrix}\mathcal{D}_2\\ C\end{matrix}$ が導出のとき，$\dfrac{\begin{matrix}\mathcal{D} & \mathcal{D}_1 & \mathcal{D}_2\\ A\vee B & C & C\end{matrix}}{C}\vee\mathrm{E}$ は導出である．

この導出は，$\mathcal{D}$ の仮定と，$\mathcal{D}_1$ の $A$ 以外の仮定と，$\mathcal{D}_2$ の $B$ 以外の仮定とに依存する．

(8) $\begin{matrix}\mathcal{D}\\ \bot\end{matrix}$ が導出で $A$ が論理式のとき，$\dfrac{\begin{matrix}\mathcal{D}\\ \bot\end{matrix}}{A}\bot_{\mathrm{c}}$ は導出である．

この導出は，$\mathcal{D}$ の $A\Rightarrow\bot$ 以外の仮定に依存する．

(9) $\begin{matrix}\mathcal{D}\\ A\end{matrix}$ が導出であり，依存するどの仮定にも $\mathsf{x}_i$ が自由出現しないとき，$\dfrac{\begin{matrix}\mathcal{D}\\ A\end{matrix}}{\forall\mathsf{x}_i\,A}\forall\mathrm{I}$ は導出である．この導出は，$\mathcal{D}$ と同じ仮定に依存する．

(10) $\begin{matrix}\mathcal{D}\\ \forall\mathsf{x}_i\,A\end{matrix}$ が導出で $t$ が項のとき，$\dfrac{\begin{matrix}\mathcal{D}\\ \forall\mathsf{x}_i\,A\end{matrix}}{A[\mathsf{x}_i:=t]}\forall\mathrm{E}$ は導出である．

この導出は，$\mathcal{D}$ と同じ仮定に依存する．

(11) $\begin{matrix}\mathcal{D}\\ A[\mathsf{x}_i:=t]\end{matrix}$ が導出のとき，$\dfrac{\begin{matrix}\mathcal{D}\\ A[\mathsf{x}_i:=t]\end{matrix}}{\exists\mathsf{x}_i\,A}\exists\mathrm{I}$ は導出である．

この導出は，$\mathcal{D}$ と同じ仮定に依存する．

(12) $\begin{matrix}\mathcal{D}_1\\ \exists\mathsf{x}_i\,A\end{matrix}$ と $\begin{matrix}\mathcal{D}_2\\ B\end{matrix}$ が導出で，$\mathsf{x}_i$ が $B$ にも $\mathcal{D}_2$ の依存する仮定のうち $A$ 以外のものにも自由出現しないとき，$\dfrac{\begin{matrix}\mathcal{D}_1 & \mathcal{D}_2\\ \exists\mathsf{x}_i\,A & B\end{matrix}}{B}\exists\mathrm{E}$ は導出である．この導出は，$\mathcal{D}_1$ の依存する仮定と，$\mathcal{D}_2$ の依存する仮定から $A$ を除いたものとの両方に依存する．

例として，この章の冒頭に出てきた推論を，言語と導出の定義に基づいて，見直してみよう．項や論理式の定義に沿って，1 変数述語記号 $\mathsf{P}_1, \mathsf{P}_2, \mathsf{P}_3$ と 0 変数関数記号 $\mathsf{f}_1$ を使えば，推論の三つの仮定は次の形に表せる．

$$(1)\ \forall \mathsf{x}_1\,(\mathsf{P}_1(\mathsf{x}_1) \Rightarrow \mathsf{P}_2(\mathsf{x}_1)) \qquad (2)\ \mathsf{P}_2(\mathsf{f}_1) \Rightarrow \bot \qquad (3)\ \mathsf{P}_3(\mathsf{f}_1)$$

結論は $\exists \mathsf{x}_1\,((\mathsf{P}_1(\mathsf{x}_1) \Rightarrow \bot) \wedge \mathsf{P}_3(\mathsf{x}_1))$ で表せる．このとき，導出は次の形となる．

$$\dfrac{\dfrac{\mathsf{P}_3(\mathsf{f}_1) \qquad \dfrac{\dfrac{\dfrac{\mathsf{P}_1(\mathsf{f}_1) \qquad \dfrac{\forall \mathsf{x}_1\,(\mathsf{P}_1(\mathsf{x}_1) \Rightarrow \mathsf{P}_2(\mathsf{x}_1))}{\mathsf{P}_1(\mathsf{f}_1) \Rightarrow \mathsf{P}_2(\mathsf{f}_1)}\,\forall\mathrm{E}}{\mathsf{P}_2(\mathsf{f}_1)}\,{\Rightarrow}\mathrm{E} \qquad \mathsf{P}_2(\mathsf{f}_1) \Rightarrow \bot}{\bot}\,{\Rightarrow}\mathrm{E}}{\mathsf{P}_1(\mathsf{f}_1) \Rightarrow \bot}\,{\Rightarrow}\mathrm{I}}{(\mathsf{P}_1(\mathsf{f}_1) \Rightarrow \bot) \wedge \mathsf{P}_3(\mathsf{f}_1))}\,\wedge\mathrm{I}}{\exists \mathsf{x}_1\,((\mathsf{P}_1(\mathsf{x}_1) \Rightarrow \bot) \wedge \mathsf{P}_3(\mathsf{x}_1))}\,\exists\mathrm{I}$$

このように導出の作り方は，使える記号が何かが明確になったことを除けば，これまでに例を通して学んできたものと同じである．

## 導出の木構造

大きな導出の一部分にまた導出が現れる，という入れ子の構造は，「木」の形でも表せる．木構造は，構文論に出てくる対象を見やすく表示するのに役立つ．先ほどの導出を木の形で表した図を次に示す．

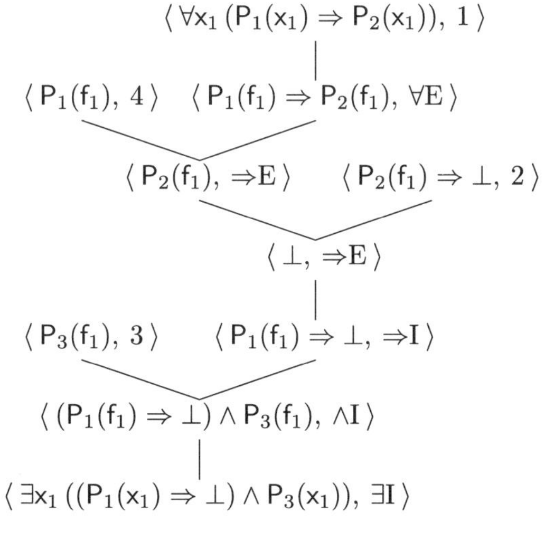

$$\langle\, \forall \mathsf{x}_1\,(\mathsf{P}_1(\mathsf{x}_1) \Rightarrow \mathsf{P}_2(\mathsf{x}_1)),\ 1 \,\rangle$$

$$\langle\, \mathsf{P}_1(\mathsf{f}_1),\ 4 \,\rangle \qquad \langle\, \mathsf{P}_1(\mathsf{f}_1) \Rightarrow \mathsf{P}_2(\mathsf{f}_1),\ \forall\mathrm{E} \,\rangle$$

$$\langle\, \mathsf{P}_2(\mathsf{f}_1),\ {\Rightarrow}\mathrm{E} \,\rangle \qquad \langle\, \mathsf{P}_2(\mathsf{f}_1) \Rightarrow \bot,\ 2 \,\rangle$$

$$\langle\, \bot,\ {\Rightarrow}\mathrm{E} \,\rangle$$

$$\langle\, \mathsf{P}_3(\mathsf{f}_1),\ 3 \,\rangle \qquad \langle\, \mathsf{P}_1(\mathsf{f}_1) \Rightarrow \bot,\ {\Rightarrow}\mathrm{I} \,\rangle$$

$$\langle\, (\mathsf{P}_1(\mathsf{f}_1) \Rightarrow \bot) \wedge \mathsf{P}_3(\mathsf{f}_1),\ \wedge\mathrm{I} \,\rangle$$

$$\langle\, \exists \mathsf{x}_1\,((\mathsf{P}_1(\mathsf{x}_1) \Rightarrow \bot) \wedge \mathsf{P}_3(\mathsf{x}_1)),\ \exists\mathrm{I} \,\rangle$$

木のそれぞれの節の位置には，部分導出の結論と最後に使う規則の対が示されている．ただし，仮定だけからなる導出には仮定の番号を記した．導出の仮定は，すべて木の先端（葉）にあることに注意しよう．木構造を使うと，導出が依存する仮定の集合について分析しやすくなる．木の節の位置にある各論理式を，それぞれの部分導出が依存する仮定の集合に置き換えたものが次の図である．

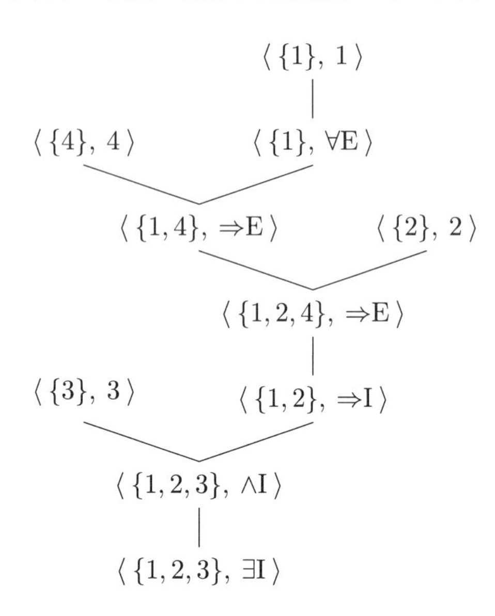


それぞれの部分導出の依存する仮定が，葉から根に向けて蓄積されていく様子がわかる．ただし，⇒I の節に注意しよう．この規則は一時的に有効な仮定を設ける規則なので，直前の ⇒E の節が依存する仮定 $1, 2, 4$ から，有効範囲を超える仮定 4 が取り除かれている．

**確認問題 3.20　導出と仮定集合**

3.7 節で扱った論理法則の証明を，この節の定義に基づいて再び扱う．述語記号として 0 変数の $P_1$ と 1 変数の $P_2$ を使い，関数記号を使わない言語で，論理式

$$(P_1 \Rightarrow \forall x_1\, P_2(x_1)) \Rightarrow \forall x_1\, (P_1 \Rightarrow P_2(x_1))$$

の導出を示せ．また，各部分導出が依存する仮定の集合を，上に示したような木の形で表せ．▶**解答は p.118**

## 証明可能性

構文論のここまでの議論により，自然演繹で証明できる論理式は，正確には次

のように定義される．

**定義 3.4　証明可能性**　論理式 $A$ が自然演繹により**証明可能** (provable) であるとは，$A$ が結論であって，それが依存する仮定が一つもない導出を作れることである．

## 3-10　述語論理の意味論

前の節の構文論では，論理式に現れる記号が何を表すかを問題にせず，主張や証明を記号列や図式としてどんな形で表すかだけを議論した．この節では，記号列としての論理式に対して数学的な意味付けを与えて，「正しい論理式とは何か」という疑問に対して答えを与える．つまり，論理式の形式でなく，論理式が表す内容について考える．このような，記号の解釈に基づいた，式の内容についての議論のことを**意味論** (semantics) という．

### 健全性と完全性

述語論理の意味論を通じて，自然演繹が単なる記号操作のパズルでなく，論理的な推論の基本原理を表す体系として適切なものであるということがわかる．ここではとくに，自然演繹がもつ健全性と完全性という二つの基本性質を紹介する．証明体系が**健全** (sound) であるというのは，証明できる論理式がどれも正しいということである．逆に，正しい論理式がどれも証明できるという性質をもつ証明体系は**完全** (complete) であるという．たとえば，3.5 節で見たように，自然演繹から背理法規則を取り除くと，二重否定の除去 $\neg\neg P \Rightarrow P$ が証明できなくなってしまう（健全だが完全ではない）．このように，推論規則の選び方によって証明能力が変わるので，論理の枠組みによっては正しい論理式と証明できる論理式との違いを意識する必要がある．

自然演繹の健全性と完全性から何がいえるかを考えてみよう．たとえば，論理式 $\neg(P \land Q) \Rightarrow \neg P \lor \neg Q$ は自然演繹で証明可能である．このとき，自然演繹の健全性からこの論理式は正しいとわかる．ここで「正しい」というのは，正確には論理式が恒真ということである．つまり，$P$ と $Q$ がどんな内容をもつ命題だと解釈しても，論理式 $\neg(P \land Q) \Rightarrow \neg P \lor \neg Q$ が常に真だとわかる．逆に，自然演繹の完全性からは，恒真な論理式の証明がいつでも作れることがわかる．つまり，自然演繹には十分な証明能力が備わっているということを意味する．

述語論理の論理式についても考えてみよう．論理式 $\neg\forall x\, P(x) \Rightarrow \exists x\, \neg P(x)$ は自然演繹で証明可能なので，健全性からこの論理式は正しいとわかる．しかし，命題論理の真理表のように，述語論理の論理式の真偽を系統的に扱う方法はまだ学んでいない．そこで，記号の解釈を通じて論理式の真偽を調べる厳密な方法を定める．

## 構造と付値による論理式の解釈

まずは，記号や式に意味を与える考え方を具体例で理解しよう．述語論理の構文論で学んだように，議論に使う論理式を定めるには，記号の集まりである言語を指定する．ここでは，3 種類の記号 $\mathsf{f}_1, \mathsf{f}_2, \mathsf{P}_1$ からなる言語で論理式 $\mathsf{P}_1(\mathsf{f}_1) \wedge \mathsf{P}_1(\mathsf{f}_2(\mathsf{f}_1))$ の意味を考える．まずは，論理式を整数についての主張と解釈する例として，各記号に次の意味付けを与える．

$\mathsf{f}_1$　…　整数 0
$\mathsf{f}_2$　…　「1 を足す」という整数上の関数
$\mathsf{P}_1$　…　「偶数である」という整数上の述語

この解釈のもとで，論理式の $\mathsf{P}_1(\mathsf{f}_1)$ の部分は「0 は偶数である」を意味するから真であり，$\mathsf{P}_1(\mathsf{f}_2(\mathsf{f}_1))$ の部分は「1 は偶数である」を意味するから偽である．よって，この場合には論理式全体が偽となる．各記号をほかのものに対応させれば，同じ記号に別の解釈を与えられる．

$\mathsf{f}_1$　…　実数 $\pi$
$\mathsf{f}_2$　…　実数上の関数 sin
$\mathsf{P}_1$　…　「非負である」という実数上の述語

この解釈のもとでは，$\mathsf{P}_1(\mathsf{f}_1)$ は「$\pi$ は非負である」を意味し，$\mathsf{P}_1(\mathsf{f}_2(\mathsf{f}_1))$ は「$\sin(\pi)$ は非負である」を意味するので，ともに真である．その結果，今度は論理式全体が真となる．

数学的な対象の集まりを議論の土台として設定して，各記号に対象を関連付けることで解釈を与えるのが，次に定義する構造である．

**定義 3.5 構造** 言語 $\mathcal{L}$ に対する**構造** (structure) $\mathcal{A} = (U, I)$ は，**対象領域** (domain または universe) $U$ と**解釈** (interpretation) $I$ からなる．対象領域は対象の集まりを定める空でない集合であり，解釈は $\mathcal{L}$ の記号から数学的対象への次の対応を与える．

- $\mathsf{f}_i$ が $n$ 変数 $(n \geq 1)$ の関数記号なら，その意味 ${\mathsf{f}_i}^I$ は $U$ 上の $n$ 変数関数．$\mathsf{f}_i$ が 0 変数の関数記号なら，${\mathsf{f}_i}^I$ は $U$ の要素．
- $\mathsf{P}_i$ が $n$ 変数 $(n \geq 1)$ の述語記号なら，その意味 ${\mathsf{P}_i}^I$ は $U$ 上の $n$ 変数述語．$\mathsf{P}_i$ が 0 変数の述語記号なら，${\mathsf{P}_i}^I$ は真理値 1（真）か 0（偽）．

記号とその意味との対応を表に整理しておこう．

| 記号 | 意味 |
|---|---|
| $n$ 変数関数記号　$\mathsf{f}_i$ | $U$ 上の $n$ 変数関数　${\mathsf{f}_i}^I : U^n \to U$ |
| $n$ 変数述語記号　$\mathsf{P}_i$ | $U$ 上の $n$ 変数述語　${\mathsf{P}_i}^I : U^n \to \{0,1\}$ |

表の左側の記号 $\mathsf{f}_i$ や $\mathsf{P}_i$ は，構造による意味付けの結果，対応する右側の数学的対象 ${\mathsf{f}_i}^I$ や ${\mathsf{P}_i}^I$ として解釈される．

**例題 3.11** 0 変数の関数記号（定数記号）$\mathsf{f}_1$，1 変数の関数記号 $\mathsf{f}_2$，1 変数の述語記号 $\mathsf{P}_1$，の三つの記号からなる言語を考える．上に示した二つの意味付けの例を，この言語に対する構造として表せ．

**解答** 最初の意味付けの例は，対象領域が整数全体 $\mathbb{Z}$ で，次に示す解釈 $I$ からなる構造 $\mathcal{A} = (\mathbb{Z}, I)$ として表せる．

$$
{\mathsf{f}_1}^I \;=\; 0 \qquad {\mathsf{f}_2}^I(x) \;=\; x+1 \qquad {\mathsf{P}_1}^I(x) \;=\; \begin{cases} 1 & (x \text{ は偶数}) \\ 0 & (\text{その他}) \end{cases}
$$

二つ目の意味付けは，対象領域が実数全体 $\mathbb{R}$ で，次に示す解釈 $J$ からなる構造 $\mathcal{B} = (\mathbb{R}, J)$ で表せる．

$$
{\mathsf{f}_1}^J \;=\; \pi \qquad {\mathsf{f}_2}^J(x) \;=\; \sin(x) \qquad {\mathsf{P}_1}^J(x) \;=\; \begin{cases} 1 & (x \geq 0) \\ 0 & (\text{その他}) \end{cases}
$$

記号の意味付けをもとに，式の意味を考えよう．構文論で学んだように，項とは数学的な対象を表す式である．例題 3.11 では，$\mathsf{f}_1$ や $\mathsf{f}_2(\mathsf{f}_1)$ が項であり，関数記号への意味付けにより，これらは整数や実数として解釈された．言語と構造を指定すると，項の中に変数が現れないとき，項の意味は対象領域の要素として定まる．一方で，変数が現れるときは，それがどの対象を表すかという解釈に応じて，項の意味が変わる．つまり，対象領域が $U$ のとき，変数の解釈は，各変数 $\mathsf{x}_i$ をそれが表す対象 $v(\mathsf{x}_i)$ に対応させる**付値** (valuation) という関数 $v : \{\mathsf{x}_1, \mathsf{x}_2, \ldots\} \to U$ で表される．

**定義 3.6　項の解釈**　言語 $\mathcal{L}$ の記号で作られた項 $t$ に対して，構造 $\mathcal{A} = (U, I)$ と付値 $v$ で決まる項の**解釈** (interpretation) $t^{\mathcal{A},v}$ を以下で定める．

(1) 変数 $\mathsf{x}_i$ の解釈は，付値を使って定める．

$$\mathsf{x}_i{}^{\mathcal{A},v} = v(\mathsf{x}_i)$$

(2) 言語 $\mathcal{L}$ の関数記号 $\mathsf{f}_i$ を使った項 $\mathsf{f}_i(t_1, \ldots, t_k)$ の解釈は，関数記号の意味 $\mathsf{f}_i{}^I$ を使って次の式で定める．

$$\mathsf{f}_i(t_1, \ldots, t_k)^{\mathcal{A},v} = \mathsf{f}_i{}^I(t_1{}^{\mathcal{A},v}, \ldots, t_k{}^{\mathcal{A},v})$$

とくに，$\mathsf{f}_i$ が 0 変数の関数記号のとき，

$$\mathsf{f}_i{}^{\mathcal{A},v} = \mathsf{f}_i{}^I$$

であり，これは，付値 $v$ とは無関係に解釈 $I$ だけで決まる対象領域 $U$ の要素である．

項の解釈は，構造と付値に従って各記号を解釈すれば簡単に計算できる．このことを，次の例題で確かめよう．

**例題 3.12**　0 変数の関数記号 $\mathsf{f}_1$ と 2 変数の関数記号 $\mathsf{f}_2$ を含む言語に対して，整数全体を対象領域として，$\mathsf{f}_1$ を整数 0 と解釈し，$\mathsf{f}_2$ を「足し算」という整数上の関数と解釈する構造 $\mathcal{A}$ を考える．変数 $\mathsf{x}_1, \mathsf{x}_2$ をそれぞれ整数 $3, -1$ と解釈するとき，項 $\mathsf{f}_2(\mathsf{f}_2(\mathsf{x}_1, \mathsf{f}_1), \mathsf{x}_2)$ の解釈を定義 3.6 に従って求めよ．

**解答**　構造 $\mathcal{A} = (\mathbb{Z}, I)$ の解釈 $I$ は $\mathsf{f}_1{}^I = 0$ と $\mathsf{f}_2{}^I(x, y) = x + y$ で与えられ，付値 $v$ は $v(\mathsf{x}_1) = 3$ と $v(\mathsf{x}_2) = -1$ を満たす．このときの項の解釈を，定義 3.6 に沿って計算する．

$$\begin{aligned}
& \mathsf{f}_2(\mathsf{f}_2(\mathsf{x}_1, \mathsf{f}_1), \mathsf{x}_2)^{\mathcal{A},v} \\
= \; & \mathsf{f}_2{}^I(\mathsf{f}_2(\mathsf{x}_1, \mathsf{f}_1)^{\mathcal{A},v}, \mathsf{x}_2{}^{\mathcal{A},v}) && \text{（定義の (2)，}\mathsf{f}_2\text{は 2 変数）} \\
= \; & \mathsf{f}_2{}^I(\mathsf{f}_2{}^I(\mathsf{x}_1{}^{\mathcal{A},v}, \mathsf{f}_1^{\mathcal{A},v}), \mathsf{x}_2{}^{\mathcal{A},v}) && \text{（定義の (2)，}\mathsf{f}_2\text{は 2 変数）}
\end{aligned}$$

$$
\begin{aligned}
&= \mathsf{f_2}^I(\mathsf{f_2}^I(\mathsf{x_1}^{\mathcal{A},v}, \mathsf{f_1}^I), \mathsf{x_2}^{\mathcal{A},v}) && \text{（定義の (2)，}\mathsf{f_1}\text{は 0 変数）} \\
&= \mathsf{f_2}^I(\mathsf{f_2}^I(v(\mathsf{x_1}), \mathsf{f_1}^I), v(\mathsf{x_2})) && \text{（定義の (1)）} \\
&= (3+0)+(-1) && \text{（}I\text{ と }v\text{ の定義）} \\
&= 2
\end{aligned}
$$

項の解釈の定義は複雑に見えるが，その内容は単純である．この例題の式変形の前半部分からもわかるように，定義の (1) と (2) を繰り返し使えば，項に現れる各関数記号 $\mathsf{f}_i$ と各変数 $\mathsf{x}_i$ が各記号の解釈 ${\mathsf{f}_i}^I$ と $v(\mathsf{x}_i)$ にすべて置き換わる．項の解釈は，各記号を解釈した後の対象領域上での演算結果として得られる．

続いて，論理式の解釈も考えよう．論理式とは（変数に応じて）真か偽かを表す記号表現なので，対象を表す記号表現である項と同様に，論理式にも記号の解釈を通じて意味を与える．

**定義 3.7　論理式の解釈**　言語 $\mathcal{L}$ の記号で作られた論理式 $A$ に対して，構造 $\mathcal{A}=(U,I)$ と付値 $v$ で決まる論理式の**解釈** (interpretation) $A^{\mathcal{A},v}$ を以下で定める．

(1) 言語 $\mathcal{L}$ の述語記号 $\mathsf{P}_i$ を使った論理式 $\mathsf{P}_i(t_1,\ldots,t_k)$ の解釈は，述語記号の意味 ${\mathsf{P}_i}^I$ を使って次の式で定める．

$$\mathsf{P}_i(t_1,\ldots,t_k)^{\mathcal{A},v} = {\mathsf{P}_i}^I({t_1}^{\mathcal{A},v},\ldots,{t_k}^{\mathcal{A},v})$$

(2) 論理式 $\bot$ は，変数の解釈によらず常に偽と解釈する．

$$\bot^{\mathcal{A},v} = 0$$

(3) 論理式 $(A\land B),(A\lor B),(A\Rightarrow B)$ の解釈は，次の式で定める．

$$
\begin{aligned}
(A\land B)^{\mathcal{A},v} &= \min(A^{\mathcal{A},v}, B^{\mathcal{A},v}) \\
(A\lor B)^{\mathcal{A},v} &= \max(A^{\mathcal{A},v}, B^{\mathcal{A},v}) \\
(A\Rightarrow B)^{\mathcal{A},v} &= \max(1-A^{\mathcal{A},v}, B^{\mathcal{A},v})
\end{aligned}
$$

ここで，min と max は，最小値と最大値を求める演算である．

(4) 論理式 $(\forall \mathsf{x}_i\ A),(\exists \mathsf{x}_i\ A)$ の解釈は，次の式で定める．

$$
\begin{aligned}
(\forall \mathsf{x}_i\ A)^{\mathcal{A},v} &= \min\{A^{\mathcal{A},v'} \mid v' \text{ は付値で，} j\neq i \text{ なら } v'(\mathsf{x}_j)=v(\mathsf{x}_j)\} \\
(\exists \mathsf{x}_i\ A)^{\mathcal{A},v} &= \max\{A^{\mathcal{A},v'} \mid v' \text{ は付値で，} j\neq i \text{ なら } v'(\mathsf{x}_j)=v(\mathsf{x}_j)\}
\end{aligned}
$$

この定義の (3) では，論理結合子の意味を，真理値の集合 $\{0,1\}$ 上の演算として簡潔に表している．これを表形式にしたものが，1.2 節で学んだ真理表である．連言と選言の真理表が，真理値の最小値と最大値を求める演算表としても読めることに注意しよう．また，含意 $A \Rightarrow B$ と論理同値な $\neg A \vee B$ を思い浮かべると，含意の解釈を理解しやすい．1 から前提 $A$ の真理値を引くのは，真理値の 0 と 1 とを反転するためである．

定義の (4) も，1.3 節や 1.4 節で学んだ量化子の意味付けを，真理値の演算として表したものである．なお，定義の (4) に現れる付値 $v'$ は，変数 $\mathsf{x}_i$ だけ対象領域全体を動かして解釈し，ほかの（自由）変数 $\mathsf{x}_j$ を $v$ と同じ解釈に固定する目的で使っている．このことを，具体例を通して確かめよう．

**例題 3.13**　1 変数の関数記号 $\mathsf{f}_1$ と 1 変数の述語記号 $\mathsf{P}_1$ を含む言語に対して，整数全体を対象領域として，$\mathsf{f}_1$ を「2 倍にする」という関数と解釈し，$\mathsf{P}_1$ を「偶数である」という述語と解釈する構造 $\mathcal{A}$ を考える．このときの論理式 $\forall \mathsf{x}_1\, \mathsf{P}_1(\mathsf{f}_1(\mathsf{x}_1)) \Rightarrow \bot$ の解釈を，定義 3.7 に従って求めよ．

**解答**　構造 $\mathcal{A} = (\mathbb{Z}, I)$ の解釈 $I$ は

$$\mathsf{f}_1{}^I(x) = 2x$$

$$\mathsf{P}_1{}^I(x) = \begin{cases} 1 & (x \text{ が偶数}) \\ 0 & (\text{その他}) \end{cases}$$

で与えられる．まず準備として，部分論理式 $\forall \mathsf{x}_1\, \mathsf{P}_1(\mathsf{f}_1(\mathsf{x}_1))$ の解釈を計算で求める．定義の (4) より

$$(\forall \mathsf{x}_1\, \mathsf{P}_1(\mathsf{f}_1(\mathsf{x}_1)))^{\mathcal{A},v} = \min\{\mathsf{P}_1(\mathsf{f}_1(\mathsf{x}_1))^{\mathcal{A},v'} \mid v' \text{ は付値で，} j \neq 1 \text{ なら } v'(\mathsf{x}_j) = v(\mathsf{x}_j)\}$$

であり，定義の (1) と項の解釈の定義より

$$\mathsf{P}_1(\mathsf{f}_1(\mathsf{x}_1))^{\mathcal{A},v'} = \mathsf{P}_1{}^I(\mathsf{f}_1(\mathsf{x}_1)^{\mathcal{A},v'}) = \mathsf{P}_1{}^I(\mathsf{f}_1{}^I(v'(\mathsf{x}_1)))$$

が成り立つ．ここでは，$\mathsf{x}_1$ 以外の変数は論理式に現れないので，$v'$ に関する条件は無視できて，

$$(\forall \mathsf{x}_1\, \mathsf{P}_1(\mathsf{f}_1(\mathsf{x}_1)))^{\mathcal{A},v} = \min\{\mathsf{P}_1{}^I(\mathsf{f}_1{}^I(x)) \mid x \text{ は対象領域 } \mathbb{Z} \text{ の要素}\}$$

となる．解釈 $I$ の定義より，どの整数 $x$ についても

$$\mathsf{P}_1{}^I(\mathsf{f}_1{}^I(x)) = \mathsf{P}_1{}^I(2x) = 1$$

なので

$$(\forall \mathsf{x}_1\ \mathsf{P}_1(\mathsf{f}_1(\mathsf{x}_1)))^{\mathcal{A},v} = \min\{1\} = 1$$

となる．ここまでの議論で，$\forall \mathsf{x}_1\ \mathsf{P}_1(\mathsf{f}_1(\mathsf{x}_1))$ を構造 $\mathcal{A}$（と任意の付値 $v$）で解釈して得た命題「どんな整数 $x$ についても $2x$ が偶数」が真であることを確かめた．続いて，論理式全体の解釈を計算で求める．

$$\begin{aligned}
& (\forall \mathsf{x}_1\ \mathsf{P}_1(\mathsf{f}_1(\mathsf{x}_1)) \Rightarrow \bot)^{\mathcal{A},v} \\
=\ & \max(1 - (\forall \mathsf{x}_1\ \mathsf{P}_1(\mathsf{f}_1(\mathsf{x}_1)))^{\mathcal{A},v},\ \bot^{\mathcal{A},v}) && \text{（定義の (3)）} \\
=\ & \max(1-1,\ 0) && \text{（上の結果と定義の (2)）} \\
=\ & \max(0,\ 0) \\
=\ & 0
\end{aligned}$$

以上より，与えられた論理式は，構造 $\mathcal{A}$ のもとで偽である．

論理式の解釈も，項の解釈と同様に，各記号をすべて解釈した後の真理値の演算結果として得られる．なお，この例題の論理式のように，自由変数が現れない論理式の真偽は，付値によらず構造だけで決まる．

**確認問題 3.21　論理式の解釈**

0 変数の関数記号 $\mathsf{f}_1$，1 変数の関数記号 $\mathsf{f}_2$，1 変数の述語記号 $\mathsf{P}_1$，2 変数の述語記号 $\mathsf{P}_2$ を記号として使う言語を考える．この言語に対する構造を与えるため，対象領域 $U$ を非負整数全体の集合 $\mathbb{N}$ とし，各記号の解釈 $I$ を

$$\begin{aligned}
\mathsf{f}_1{}^I &= 0 \\
\mathsf{f}_2{}^I(n) &= n+2 \\
\mathsf{P}_1{}^I(n) &= \begin{cases} 1 & (n\text{ は偶数}) \\ 0 & (\text{その他}) \end{cases} \\
\mathsf{P}_2{}^I(m,n) &= \begin{cases} 1 & (m \le n) \\ 0 & (\text{その他}) \end{cases}
\end{aligned}$$

で定める．構造 $\mathcal{A} = (U, I)$ のもとでの，次の各論理式の真偽を答えて，その理由を簡潔に述べよ．
▶**解答は p.118**

(1) $\mathsf{P}_1(\mathsf{f}_2(\mathsf{f}_1))$
(2) $\forall \mathsf{x}_2\ \mathsf{P}_2(\mathsf{f}_1, \mathsf{x}_2)$
(3) $\forall \mathsf{x}_1 \forall \mathsf{x}_2\ (\mathsf{P}_2(\mathsf{x}_1, \mathsf{x}_2) \Rightarrow \mathsf{P}_2(\mathsf{f}_2(\mathsf{x}_1), \mathsf{f}_2(\mathsf{x}_2)))$

## 恒真性と充足可能性

この節では，構造と付値により記号を解釈すると論理式の真偽が決まる，ということを学んだ．この考え方をふまえて，ここでは，構文論と意味論とを結び付けるために重要な，恒真性と充足可能性という性質を定義する．

**定義 3.8　恒真性と充足可能性**　言語 $\mathcal{L}$ の記号で作られた論理式 $A$ について，$A$ が**恒真** (valid) であるとは，$\mathcal{L}$ に対するどんな構造や付値についても $A$ が真となること，つまり，どの構造 $\mathcal{A}$ や付値 $v$ についても，$A^{\mathcal{A},v} = 1$ となることである．また，論理式 $A$ が**充足可能** (satisfiable) であるとは，$\mathcal{L}$ に対するある構造と付値について $A$ が真となること，つまり，$A^{\mathcal{A},v} = 1$ となる構造 $\mathcal{A}$ と付値 $v$ が存在することである．

構文論の定義に厳密に従うと，使える関数記号や述語記号は $\mathsf{f}_i$ や $\mathsf{P}_i$ などの形をしたものに限られてしまう．読みやすさを重視するため，これ以降は，第1章や第2章で扱った $f, g$ や $P, Q, R$ などの記号も許すことにする．厳密な定義に従って議論するときは，記号を適切に読み替えればよい．また，必要に応じて，否定 $\neg A$ を $A \Rightarrow \bot$ で，同値 $A \Leftrightarrow B$ を $(A \Rightarrow B) \wedge (B \Rightarrow A)$ で読み替える．

これまで「論理法則」とよんできた論理式は恒真である．恒真な論理式の例を二つ示す．

- $(P \Rightarrow Q) \Rightarrow (\neg P \vee Q)$
- $\forall x \neg R(x, x) \ \Rightarrow\ \neg \exists x\, R(x, x)$

上の論理式は，含意の否定と選言による表現であり，下の論理式は，量化子についてのド・モルガンの法則である．命題記号 $P, Q$ を真か偽の真理値としてどう解釈しても，また，対象領域を自由に設定して述語記号 $R$ をどう解釈しても，論理式全体が真となる．論理式が恒真であることを定義に沿って示すには，任意の構造（と付値）のもとで真であることを示す必要がある．命題論理の論理式では，真理表などにより簡単に確かめられるが，述語論理の論理式の場合には，定義に従って恒真性を示すのが難しいこともある．

充足可能な論理式の例も，以下に二つ示す．

- $P \vee Q \ \Rightarrow\ P \wedge Q$
- $\forall x \neg R(x, x)$

上の論理式は，たとえば，$P$ と $Q$ をともに真と解釈すれば，論理式全体が真となる．下の論理式は，たとえば，整数上で $R$ を通常の大小関係 $<$ と解釈すれば，論理式全体が真となる．論理式が充足可能であることを示すのは，論理式が真となる構造（と付値）を一つでも見つければよいので，簡単なことが多い．

## 自然演繹の健全性と完全性

前の節とこの節では，構文論と意味論の二つの視点から，述語論理や自然演繹についてより深く学んできた．構文論では，証明できる論理式を自然演繹の証明可能性として厳密に定めた．意味論では，常に正しい論理式を，現れる記号をどう解釈しても真になるという論理式の恒真性として定義した．これで，自然演繹の健全性と完全性をもう少し正確に述べることができる．任意の論理式 $A$ について，次の二つが成り立つ．

- $A$ が自然演繹で証明可能ならば $A$ が恒真（健全性）
- $A$ が恒真ならば $A$ が自然演繹で証明可能（完全性）

つまり，自然演繹では，論理式の証明可能性と恒真性が一致する．この結果は，構文論と意味論とをつなぐ自然演繹の重要な性質である．

自然演繹の健全性や完全性を使うと，論理式の恒真性や充足可能性を調べる新たな手段が得られる．

**例題 3.14** 次の (1), (2) が，論理式の恒真性や充足不能性を示す方法として妥当であることを説明せよ．

(1) 論理式 $A$ が恒真であることを示すには，自然演繹による $A$ の証明を作ればよい．

(2) 論理式 $A$ が充足可能でない（充足不能である）ことを示すには，自然演繹による $\neg A$ の証明を作ればよい．

**解答** (1) 自然演繹で $A$ の証明を作れるとき，つまり，$A$ が自然演繹で証明可能なとき，自然演繹の健全性より $A$ は恒真である．

(2) 自然演繹で $\neg A$ の証明を作れるとき，つまり，$\neg A$ が自然演繹で証明可能なとき，自然演繹の健全性より $\neg A$ は恒真である．恒真性の定義より，任意の構造 $\mathcal{A}$ と付値 $v$ について $(\neg A)^{\mathcal{A},v} = 1$ である．論理式の解釈の定義より，$(\neg A)^{\mathcal{A},v} = 1$ は $A^{\mathcal{A},v} = 0$ や $A^{\mathcal{A},v} \neq 1$ と同じなので，どんな構造 $\mathcal{A}$ と付値 $v$ についても $A^{\mathcal{A},v} \neq 1$ である．言い換えれば，$A^{\mathcal{A},v} = 1$ となる構造 $\mathcal{A}$ や付値 $v$ は存在しない．このとき，充足可能性の定義より，$A$ は充足可能でない．

論理式の恒真性や充足不能性を定義に沿って示すには，あらゆる解釈を考える必要があるので，難しいことも多い．一方で，この例題から，自然演繹の証明を作ることで，恒真性や充足不能性を示せることがわかる．

**確認問題 3.22**　**非恒真性を示す方法**

論理式 $A$ が恒真でないことを示すには，$(\neg A)^{\mathcal{A},v}=1$ となる構造 $\mathcal{A}$ と付値 $v$ を見つければよい．この方法が妥当であることを説明せよ．　▶**解答は p.119**

上の例題と確認問題でわかったことを，表の形にまとめておこう．

| 示す性質 | 示す方法 |
|---|---|
| $A$ が恒真 | $A$ を自然演繹で証明する |
| $A$ が恒真でない | $A$ が偽になる解釈を見つける |
| | ($\neg A$ が真になる解釈を見つける) |
| $A$ が充足可能 | $A$ が真になる解釈を見つける |
| $A$ が充足可能でない | $\neg A$ を自然演繹で証明する |

この表の方法を，具体的な論理式に対して使ってみよう．

**例題 3.15**　論理式の恒真性についての以下の問いに答えよ．

(1) 論理式 $\exists x\,(P(x)\wedge Q(x))$ が恒真でないことを示せ．

(2) 論理式 $\exists y\,\forall x\,R(x,y)\ \Rightarrow\ \forall x\,\exists y\,R(x,y)$ が恒真であることを示せ．

**解答**　(1) 論理式が偽となる構造を見つけることにより，恒真でないことを示す．たとえば，対象領域を整数全体として，$P$ を「偶数である」という述語，$Q$ を「奇数である」という述語，と解釈すれば，どんな整数 $x$ についても $P(x)\wedge Q(x)$ は偽となる．つまり，$\exists x\,(P(x)\wedge Q(x))$ は偽である．なお，問題の論理式の否定 $\neg\exists x\,(P(x)\wedge Q(x))$ が真となる構造を見つけてもよい．この否定の論理式は，ド・モルガンの法則から $\forall x\,\neg(P(x)\wedge Q(x))$ と論理同値だから，$\neg(P(x)\wedge Q(x))$ が常に真，つまり $P(x)\wedge Q(x)$ が常に偽，となるように，$P(x)$ と $Q(x)$ が同時に真となる $x$ のない $P,Q$ の解釈を選べばよい．これは，1.4 節で学んだ述語と集合の対応を思い出せば，述語 $P^I(x)$ と $Q^I(x)$ の真理集合の共通部分が空集合となるように記号 $P$ と $Q$ の解釈を選ぶ問題であるともいえる．

(2) 自然演繹による証明図を作ることにより，論理式が恒真であることを示す．

$$\dfrac{\dfrac{\dfrac{\overset{1}{\exists y\,\forall x\,R(x,y)} \qquad \dfrac{\dfrac{\overset{2}{\forall x\,R(x,b)}}{R(a,b)}\ \forall\mathrm{E}}{\exists y\,R(a,y)}\ \exists\mathrm{I}}{\exists y\,R(a,y)}\ \exists\mathrm{E}\ 2}{\forall x\,\exists y\,R(x,y)}\ \forall\mathrm{I}}{\exists y\,\forall x\,R(x,y)\ \Rightarrow\ \forall x\,\exists y\,R(x,y)}\ \Rightarrow\mathrm{I}\ 1$$

この証明で規則 ∀I と規則 ∃E を使う際には，変数条件を満たすことを確かめる．規則 ∀I の結論 $\forall x\, \exists y\, R(x,y)$ と，この結論で有効な仮定 1（$\exists y\, \forall x\, R(x,y)$）のどちらの論理式にも自由変数 $a$ は現れない．さらに，規則 ∃E の二つの前提 $\exists y\, \forall x\, R(x,y)$ と $\exists y\, R(a,y)$ に変数 $b$ が現れず，規則 ∃E の一時的な仮定 2 以外には前提の右式で有効な仮定はない．なお，規則 ∃E と規則 ∀I を逆順に使った証明図も作れる．

**確認問題 3.23　充足可能性の判定**

次の各論理式が充足可能かどうかを理由とともに述べよ． ▶解答は p.119

(1) $\exists x\, P(x) \land \neg \forall x\, P(x)$

(2) $\forall x\, P(x) \land \neg \exists x\, P(x)$

## 3-11 演習問題 ▶解答は p.124〜131

これまでに学んだすべてのことを活かして，以下の問題が解けるか確かめてみよう．

**演習問題 3.1　命題論理の自然演繹**

次の各論理式を自然演繹で証明せよ．

(1) $P \land Q \;\Rightarrow\; Q \land P$

(2) $P \lor P \;\Rightarrow\; P$

(3) $P \lor (Q \lor R) \;\Rightarrow\; (P \lor Q) \lor R$

(4) $P \lor (P \land Q) \;\Rightarrow\; P$

(5) $P \land (Q \lor R) \;\Rightarrow\; (P \land Q) \lor (P \land R)$

(6) $P \;\Rightarrow\; \neg\neg P$

(7) $\neg(P \lor Q) \;\Rightarrow\; \neg P \land \neg Q$

(8) $(P \lor Q) \land \neg P \;\Rightarrow\; Q$

**演習問題 3.2　述語論理の自然演繹**

次の各論理式を自然演繹で証明せよ．

(1) $\exists x\, P \;\Rightarrow\; P$

(2) $\forall x\, P(x) \;\Rightarrow\; \forall y\, P(y)$

(3) $P \land \forall x\, Q(x) \;\Rightarrow\; \forall x\, \big(P \land Q(x)\big)$

(4) $\exists x\, P(x) \lor \exists x\, Q(x) \;\Rightarrow\; \exists x\, \big(P(x) \lor Q(x)\big)$

(5) $\forall x\, P(x) \lor \forall x\, Q(x) \;\Rightarrow\; \forall x\, \big(P(x) \lor Q(x)\big)$

(6) $\forall x\,\forall y\,R(x,y) \;\Rightarrow\; \forall y\,\forall x\,R(x,y)$

(7) $\forall x\,\neg P(x) \;\Rightarrow\; \neg\,\exists x\,P(x)$

(8) $\forall x\,\bigl(P(x) \Rightarrow Q(x)\bigr) \;\Rightarrow\; \bigl(\exists x\,P(x) \Rightarrow \exists x\,Q(x)\bigr)$

### 演習問題 3.3　背理法を使う自然演繹

以下の論理式が自然演繹で証明可能であることを，背理法規則を使って証明せよ．

(1) $(\neg P \Rightarrow Q) \;\Rightarrow\; (\neg Q \Rightarrow P)$

(2) $\neg(P \Rightarrow Q) \;\Rightarrow\; P \wedge \neg Q$

(3) $(P \;\Rightarrow\; Q \vee R) \;\Rightarrow\; (P \Rightarrow Q) \vee (P \Rightarrow R)$

(4) $\neg\,\exists x\,\neg P(x) \;\Rightarrow\; \forall x\,P(x)$

(5) $\bigl(\forall x\,P(x) \Rightarrow Q\bigr) \;\Rightarrow\; \exists x\,\bigl(P(x) \Rightarrow Q\bigr)$

(6) $\bigl(\forall x\,P(x) \Rightarrow \exists x\,Q(x)\bigr) \;\Rightarrow\; \exists x\,\bigl(P(x) \Rightarrow Q(x)\bigr)$

### 演習問題 3.4　命題論理の恒真性

論理式 $(P \vee \neg Q) \wedge (\neg P \Rightarrow Q) \Rightarrow P$ の恒真性を示したい．

(1) この論理式の恒真性を真理表により示す方法を，1 行で簡潔に説明せよ．

(2) この論理式の恒真性を，自然演繹の証明図を作ることにより示せ．

### 演習問題 3.5　命題論理の恒真性の判定

次の各命題について，恒真ならば自然演繹で証明可能であることを示し，恒真でないならば命題が偽となる真理値の割り当てを一つ答えよ．

(1) $((P \Rightarrow Q) \vee (R \Rightarrow S)) \;\Rightarrow\; (P \wedge R \;\Rightarrow\; Q \wedge S)$

(2) $((P \Rightarrow Q) \wedge (R \Rightarrow S)) \;\Rightarrow\; (P \vee R \;\Rightarrow\; Q \vee S)$

### 演習問題 3.6　述語論理の恒真性

(1) 論理式 $\exists x\; P(f(x)) \Rightarrow \neg\,\forall x\;\neg P(x)$ が恒真であることを，自然演繹の証明図を作ることにより示せ．変数条件を確かめる必要のある場合には，どの論理式について，どの自由変数の有無を調べたかも示せ．

(2) 前問の論理式の逆 $\neg\,\forall x\;\neg P(x) \;\Rightarrow\; \exists x\; P(f(x))$ が恒真ではないこと示すため，この論理式が偽になる構造を与えたい．対象領域を非負整数全体とし，関数記号 $f$ を「1 を足す」という関数と解釈するときの，述語記号 $P$ の解釈を与えよ．また，この構造のもとで上記の論理式が偽になる理由を，論理記号の意味をふまえて説明せよ．

### 演習問題 3.7　恒真性と充足可能性

三つの論理式

(a) $(\neg P \Rightarrow Q) \Rightarrow (P \vee Q)$

(b) $\neg P \wedge \neg(Q \Rightarrow R)$

(c) $\forall x \neg S(x) \wedge \exists x\, S(f(x))$

の恒真性や充足可能性について，以下の問いに答えよ．ただし，(2) や (3) で変数条件を確かめる必要のある場合には，どの論理式について，どの自由変数の有無を調べたかも記すこと．

(1) 命題論理の論理式の充足可能性を真理表で確かめる方法を，1 行で説明せよ．

(2) 恒真な論理式を (a)〜(c) から一つ選び，それが恒真であることを，自然演繹の証明を作ることで示せ．

(3) 充足不能な論理式を (a)〜(c) から一つ選び，それが充足不能であることを，自然演繹の証明を作ることで示せ．

(4) 恒真でなく充足可能な論理式を (a)〜(c) から一つ選び，理由を述べよ．

### 演習問題 3.8　論理式が偽になる構造

次の各論理式について，論理式が偽となる構造を与えたい．対象領域が整数全体の場合の，記号の解釈の具体例を一つ与えよ．ただし，論理式が偽になる理由を，各論理記号の意味をふまえて説明せよ．

(1) $\forall y\, \exists x\, R(f(x), y)$

(2) $\forall x\, (P(x) \Rightarrow Q(x)) \Rightarrow \exists x\, (P(x) \wedge Q(x))$

# 確認問題の解答と解説

## 確認問題 1.1　三段論法による推論の例　▶p.9

**解答**　方程式の実数解についての推論の例を示す．

$$\frac{\begin{array}{l}\text{方程式 } (x-1)(x-2)(x-3)=0 \text{ の解である実数は，みな正である．}\\ 1 \text{ は方程式 } (x-1)(x-2)(x-3)=0 \text{ の解である．}\end{array}}{\text{よって，} 1 \text{ は正である．}}$$

対象 $c$ は 1 という実数, 実数についての性質 $P(x)$ は「$x$ は方程式 $(x-1)(x-2)(x-3)=0$ の解である」，$Q(x)$ は「$x$ は正である」．

**解説**　どんな対象を扱い，対象のどんな性質について論じるかを意識すると，主張を式で表しやすい．

## 確認問題 1.2　命題　▶p.10

**解答**　(1) ○，真．(2) ×，真偽を問題にする式でない．(3) ×，変数の表す対象が不明確で真偽が定まらない．(4) ○，偽．

**解説**　記号で表した式にも，命題であるものと命題でないものがある．(1) の関係 $\leq$ からは命題が作れ，(2) の演算 $\cup$ からは直接は命題が作れない，という違いに注意する．(3) の変数 $x$ を具体化した $0 \in \{0,1\}$ などは命題となる．(4) の命題は,「1 は偶数であり，かつ，2 は偶数である」とも言い換えられるので,「1 は偶数である」と「2 は偶数である」という二つの命題を組み合わせたものととらえられる．

## 確認問題 1.3　文の分析　▶p.12

**解答**　「$x, y$ が奇数のとき $x-y$ は偶数である」という文に現れる対象は，整数 $x, y, x-y$ であり,「……は奇数」や「……は偶数」という述語が使われている．述語の範囲が明確になるように言い換えて，対象と述語の範囲を明示した文は次のとおり．

$$\Big[\Big[\,[(x) \text{ は奇数}] \text{ かつ } [(y) \text{ は奇数}]\,\Big] \text{ ならば } \Big[((x)-(y)) \text{ は偶数}\Big]\Big].$$

**解説**　( ) で示された対象が，必ず述語 [　] で囲まれることを確かめるとよい．また，述語の変数と同じ個数だけ対象があるかどうか，述語 [　] 内の対象 ( ) の数を数えると誤りを防げる．この問題では，一つの述語の中に対象が一つ現れる [ ( ) ] という形の 1 変数述語を使っている．

## 確認問題 1.4　論理結合子を使う論理式　▶p.13

**解答**　(1) $2|4 \ \wedge \ \neg\, 2|3$　(2) $2|12 \ \wedge \ 3|12 \ \wedge \ \neg\, 12|128 \ \wedge \ \neg\, 12|256$ あるいは

$2 \mid 12 \ \wedge \ 3 \mid 12 \ \wedge \ \neg\,(12 \mid 128 \ \vee \ 12 \mid 256)$

**解説**　慣れないうちは，まず，文の意味をよく考えて論理構造を分析する．述語と論理結合子に相当する部分がわかったら，論理結合子が述語の否定や述語二つを結び付ける形で使われていることを確かめる．記号に直接置き換えられない部分は，言い回しを変えてから記号化したり，記号の使い方を工夫したりするとよい．たとえば，「$x$ は $y$ の倍数」は「$y$ は $x$ の約数」と同等なので $y \mid x$ で表せる．なお，(2) の解答は，次の論理式から不要な括弧を省いて得られる．

$$\Bigl(\bigl((2 \mid 12) \wedge (3 \mid 12)\bigr) \wedge \bigl((\neg(12 \mid 128)) \wedge (\neg(12 \mid 25))\bigr)\Bigr)$$

通常，$\wedge$ よりも $\neg$ のほうが結合力が強く，また，論理記号である $\wedge$ や $\neg$ よりも述語記号 $\mid$ のほうが結合力が強い，と約束して括弧を省く．

## 確認問題 1.5　あいまいな主張の定式化　▶p.13

**解答**　$\neg\, 2 \mid 15 \ \wedge \ \neg\,(n+1) \mid 15$

**解説**　「2 も $n+1$ も，15 の約数とはいえない」の述語の範囲が明確になるように言い換えたものは，

$$\Bigl[\,\bigl[\,[2 \text{ は } 15 \text{ の約数}] \text{ ではなく}\,\bigr] \text{ かつ } \bigl[\,[n+1 \text{ は } 15 \text{ の約数}] \text{ ではない}\,\bigr]\,\Bigr]$$

となる．述語や論理結合子を記号に置き換えれば論理式が得られる．

## 確認問題 1.6　真理表　▶p.16

**解答**　(1) 論理式 $(A \Rightarrow B) \wedge (B \Rightarrow A)$ の真理表を以下に示す．

| $A$ | $B$ | $A \Rightarrow B$ | $B \Rightarrow A$ | $(A \Rightarrow B) \wedge (B \Rightarrow A)$ |
|---|---|---|---|---|
| 0 | 0 | 1 | 1 | 1 |
| 0 | 1 | 1 | 0 | 0 |
| 1 | 0 | 0 | 1 | 0 |
| 1 | 1 | 1 | 1 | 1 |

(2) $A \Leftrightarrow B$

**解説**　(1) 二つの命題が論理同値かどうかは，それぞれの真理表を書き，基本命題の真偽のすべての組み合わせに対して常に真偽が一致するかどうかで判定できる．「論理同値な二つの命題を互いに置き換えても真偽が変わらない」という性質は，論証のさまざまな場面で使える．(2) 解答から，同値 $(A \Leftrightarrow B)$ の代わりに両方向の含意 $(A \Rightarrow B$ と $B \Rightarrow A)$ を証明する，という証明法の妥当性がわかる．

## 確認問題 1.7　論理同値　▶p.17

**解答**　(1) 次の真理表より，$\neg A \Rightarrow \neg B$ は $B \Rightarrow A$ と論理同値である．

| $A$ | $B$ | $\neg A \Rightarrow \neg B$ | $B \Rightarrow A$ |
|---|---|---|---|
| 0 | 0 | 1 | 1 |
| 0 | 1 | 0 | 0 |
| 1 | 0 | 1 | 1 |
| 1 | 1 | 1 | 1 |

(2) 真理表のすべての行について結果が1（真）となる．つまり，基本命題の真偽のすべての組み合わせに対して，論理式が真となる．

**解説**　二つの複合命題 $A$ と $B$ が論理同値のとき，$A$ と $B$ を構成する基本命題の真偽のすべての組み合わせに対して，$A$ と $B$ の真偽が一致する．つまり，$A, B$ がともに真であるか，$A, B$ がともに偽となる．いずれの場合にも，同値命題 $A \Leftrightarrow B$ は真である．つまり，二つの複合命題 $A$ と $B$ が論理同値のとき，同値命題 $A \Leftrightarrow B$ は恒真である．

### 確認問題 1.8　量化子のある論理式　▶p.18

**解答**　(1) $\forall x\ x \cdot x \geq 0$　(2) $\exists x\ x \cdot x = 9$　(3) $\forall x\ x \cdot x + x = x \cdot (x+1)$
(4) $\exists x\ x \cdot x + x = 0$　(5) $\forall x\ \forall y\ x \cdot y = y \cdot x$　(6) $\neg\ \exists x\ \exists y\ 4 = 3 \cdot x \cdot y$ あるいは $\forall x\ \forall y\ \neg\ 4 = 3 \cdot x \cdot y$

**解説**　(1), (3), (5) のように全称が先頭に並ぶとき，全称を省いて，単に $x \cdot x \geq 0$ や $x \cdot x + x = x \cdot (x+1)$ や $x \cdot y = y \cdot x$ だけで表すこともある．また，(6) の $\neg 4 = 3 \cdot x \cdot y$ の部分は等号否定の記号を使って $4 \neq 3 \cdot x \cdot y$ とも表せる．

### 確認問題 1.9　真理集合と量化　▶p.23

**解答**　(1) (a) $\{0,1,2,3,4,5,6\}$，(b) $\{0,1,2,3,4,5\}$，(c) $\{1,3,5\}$，(d) $\{1\}$，(e) $\emptyset$．
(2) (a) が真で (b)〜(e) が偽．(3) (a)〜(d) が真で (e) が偽．

**解説**　(1) (e) は $\{\,\}$ と書いてもよい．(2) 全称命題 $\forall x\, P(x)$ が真なのは，すべての対象 $x$ について $P(x)$ が真となるときである．つまり，述語 $P(x)$ の真理集合が対象全体 $U$ に一致するときだから，(a) だけが真．(3) 存在命題 $\exists x\, P(x)$ が真なのは，一つ以上の対象 $x$ について $P(x)$ が真となるときである．つまり，偽になるのは述語 $P(x)$ の真理集合が空のときなので，(e) だけが偽．述語 $P(x)$ の $x$ を 0, 1 などの対象に置き換えると命題となり，真偽が定まる．述語 $P(x)$ に量化子を付けた $\forall x\, P(x)$ や $\exists x\, P(x)$ も命題であり，真偽が定まる．この問題では対象領域が $\{0, 1, \ldots, 6\}$ という有限集合なので，$\forall x\, P(x)$ は $P(0) \wedge P(1) \wedge \cdots \wedge P(6)$ と同値であり，$\exists x\, P(x)$ は $P(0) \vee P(2) \vee \cdots \vee P(6)$ と同値である．

### 確認問題 1.10　含意と同値に対応する集合　▶p.25

**解答**　(1) $S^c \cup T$　(2) $S \cup T^c$　(3) $(S^c \cap T^c) \cup (S \cap T)$

**解説**　(1) は図 1.9 の影付き部分である．また，$P(x) \Rightarrow Q(x)$ と $\neg P(x) \vee Q(x)$ の真偽が常に一致する（つまり論理同値である），という例題 1.5(1) の結果を使えば，否定と補集合の対応や，選言と和集合との対応から，解答の集合が得られる．なお，図の白い部分に最初に着目すれば，同じ集合が $(S \cap T^c)^c$ とも表せる．$P(x) \Rightarrow Q(x)$ と $\neg\,(P(x) \wedge \neg Q(x))$ の真偽が常に一致することも，真理表で確かめるとよい．(2) は (1)

で $S$ と $T$ の役目を入れ替える．集合の図は，図 1.9 を左右反転したものである．(3) は図 1.10 の影付き部分であり，例題 1.8 の (a) と (d) を合わせた部分である．なお，(3) の集合は (1) と (2) の共通部分であることに気づけば，$(S^c \cup T) \cap (S \cup T^c)$ とも表せる．この式は，$P(x) \Leftrightarrow Q(x)$ と $(P(x) \Rightarrow Q(x)) \wedge (Q(x) \Rightarrow P(x))$ が論理同値，という確認問題 1.6(2) の結果からも得られる．

### 確認問題 1.11　同値と集合の相等　▶p.26

**解答**　$S$ と $T$ が等しいという関係，つまり $S = T$.

**解説**　集合 $S$ と $T$ を左右の円で図示すれば，同値 $P(x) \Leftrightarrow Q(x)$ が真である対象 $x$ は図 1.10 の影付き部分にある．$P(x) \Leftrightarrow Q(x)$ が常に真なので，$P(x) \Leftrightarrow Q(x)$ が偽となる対象 $x$ がなく，図 1.10 の白い部分は空集合である．これは，集合 $S$ と $T$ が同じであることを意味する．また，$P(x) \Leftrightarrow Q(x)$ と $(P(x) \Rightarrow Q(x)) \wedge (Q(x) \Rightarrow P(x))$ の真偽が常に一致する，という確認問題 1.6(2) の結果から，$P(x) \Leftrightarrow Q(x)$ が常に真のとき $P(x) \Rightarrow Q(x)$ も $Q(x) \Rightarrow P(x)$ も常に真であり，包含関係 $S \subseteq T$ と $T \subseteq S$ が同時に成り立つ，ともいえる．

### 確認問題 1.12　等式についての論理式　▶p.26

**解答**　(1) $x = -1 \ \vee \ x = 1 \ \Rightarrow \ (x+1)\,x\,(x-1) = 0$

(2) $x = 3 \ \wedge \ y = 2 \ \Leftrightarrow \ x + y = 5 \ \wedge \ 2x = 3y$

**解説**　(1) の文は「$x = -1$ と $x = 1$ は方程式 $(x+1)\,x\,(x-1) = 0$ の解である」と言い換えることができる．解答の論理式で，$x = -1 \ \vee \ x = 1$ でなく $x = -1 \ \wedge \ x = 1$ とすると，この部分が $x$ の値に関係なく常に偽になってしまうことに注意する．なお，変数を使わずに $(-1+1)(-1)(-1-1) = 0 \ \wedge \ (1+1)\,1\,(1-1) = 0$ という論理式で表しても，内容は同じである．(2) の文の「ほかには解はない」の部分を削除すると，対応する論理式の同値記号 $\Leftrightarrow$ は含意記号 $\Rightarrow$ に変わる．

### 確認問題 1.13　量化の表現　▶p.28

**解答**　(1) $\forall x\ x^2 > 0$　(2) $\exists x\ x^2 = x$　(3) $\forall x\ (2\,|\,x \ \Rightarrow \ 4\,|\,x)$　(4) $\exists x\ (2\,|\,x \ \wedge \ \neg\, 4\,|\,x^2)$

**解説**　(3) の文のように，変数を含むが量化を伴わない主張は，通常，対象領域のすべてについて成り立つ，という全称命題を表すものと考える．全称の付いた (3) の論理式は，偽の命題である．一方，主張を全称 $\forall x$ のない形 $2\,|\,x \Rightarrow 4\,|\,x$ でとらえるなら，$x$ の表す対象に応じて真偽が変わる（たとえば，$x = 0$ や $x = 1$ で真，$x = 2$ で偽）ことに注意する．(3) は $\forall x\ (P(x) \Rightarrow Q(x))$ の形の論理式であり，「$P(x)$ を満たすものはすべて $Q(x)$ を満たす」という条件付き全称の例である．(4) は $\exists x\ (P(x) \wedge Q(x))$ の形の論理式であり，「$P(x)$ を満たすもののうち $Q(x)$ を満たすものがある」という条件付き存在の例である．なお，(2) で $x^2 = x$ を $x = x^2$ に置き換えた論理式や，(4) で $\wedge$ の左右を入れ替えた論理式も，意味が変わらないので正解である．

### 確認問題 1.14　よく使う論理表現　▶p.28

**解答**　(1) 論理式は $\forall x\,(x \geq 2 \ \Rightarrow \ x^2 > 9)$．この命題は偽である．$x = 2$ のとき，含意

の前提 $x \geq 2$ は真だが，結論 $x^2 > 9$ が偽となるからである．

(2) 論理式は $\exists x\,(x \geq 2 \land \neg\, x^2 > 9)$．この命題は真である．$x = 2$ のとき，$x \geq 2$ と $\neg\, x^2 > 9$ がともに真となるからである．

**解説**　(1) は $\forall x\,(P(x) \Rightarrow Q(x))$ の形の論理式であり，「$P(x)$ を満たすものはすべて $Q(x)$ を満たす」という条件付き全称の慣用表現である．この形の主張が偽であることを示すには，全称 $\forall x$ を取り除いた含意 $P(x) \Rightarrow Q(x)$ が偽となる対象 $x$，つまり，前提 $P(x)$ が真で結論 $Q(x)$ が偽となる対象 $x$ を一つでも例示できればよい．上記の解答では $x = 2$ を選んだが，$x = 3$ を選んでも命題が偽であることが示せる．なお，$\forall x\,(P(x) \Rightarrow Q(x))$ の形の命題が偽ということは，$P(x)$ の真理集合が $Q(x)$ の真理集合には含まれない，ということでもある．この問題では $\{x \in \mathbb{Z} \mid x \geq 2\} \not\subseteq \{x \in \mathbb{Z} \mid x^2 > 9\}$ であり，整数 2 や 3 が左辺の集合に属すが右辺の集合には属さない．(2) は $\exists x\,(P(x) \land Q(x))$ の形の論理式であり，「$P(x)$ を満たすもののうち $Q(x)$ を満たすものがある」という条件付き存在の慣用表現である．この形の主張が真であることを示すには，存在 $\exists x$ を取り除いた連言 $P(x) \land Q(x)$ が真となる対象 $x$，つまり，$P(x)$ と $Q(x)$ がともに真となる対象 $x$ を一つでも例示できればよい．

## 確認問題 1.15　条件付き量化を使った論理式の意味　▶p.29

**解答**　(1)「$n$ は素数である」という主張を表す．(2)「$f$ は単射である」という主張を表す．

**解説**　(1) 論理式を読み下すと，「$n \geq 2$ であり，かつ，$2 \leq m < n$ を満たす自然数 $m$ はどれも $n$ の約数ではない」となる．この主張は「$n \geq 2$ であり，かつ，$m$ が $n$ の約数なら $m$ は 1 か $n$」と言い換えられるので，次の論理式でも表せる．$n \geq 2 \land \forall m\,(\exists k\, n = k \times m \;\Rightarrow\; m = 1 \lor m = n)$

(2) 論理式を読み下すと，「$m$ と $n$ が異なるならば，$f$ による $m$ の像（値）と $f$ による $n$ の像（値）とが異なる」となる．これは「変数の値が異なれば同じ値をとらない」という単射の定義そのものである．この主張は，対偶をとって $\forall m \forall n(f(m) = f(n) \;\Rightarrow\; m = n)$，つまり「$f$ による関数の値が同じなら，変数の値も同じ」と言い換えられる．

## 確認問題 1.16　集合の所属を使った論理式　▶p.32

**解答**　(1) $121 \in S \land 484 \in S$　(2) $\forall x\,(x \in S \;\Rightarrow\; \neg\, x < 0)$
(3) $\neg\, \exists x\,(x \in S \land x < 0)$　(4) $\exists x\, \exists y\,(x \in S \land y \in S \land x \neq y)$

**解説**　(2) には，条件付き全称 $\forall x\,(P(x) \Rightarrow Q(x))$ の形の論理式が使われ，(3), (4) には，条件付き存在 $\exists x\,(P(x) \land Q(x))$ の形の論理式が使われている．(2) では $\neg\, x < 0$ を $x \geq 0$ としてもよい．(3), (4) では $\land$ の左右を交換してもよい．(4) の論理式は $\exists x\,(x{\in}S \land \exists y\,(y{\in}S \land x \neq y))$ や $\neg\, \forall x\, \forall y\,(x{\in}S \land y{\in}S \;\Rightarrow\; x{=}y)$ と書いても同じ意味になる．

## 確認問題 1.17　集合の性質を表す論理式　▶p.32

**解答**　$\neg\, \exists x\,(x \in S \land x \in T)$

**解説**　$S \cap T$ が空集合であることを論理式で表せば，$\neg\, \exists x\, x \in S \cap T$ となる．さらに，

$x$ が共通部分 $S \cap T$ の要素であることを論理式で表せば，$x \in S \ \wedge \ x \in T$ となる．二つを合わせると，解答の論理式が得られる．

## 確認問題 1.18　否定の論理法則　▶p.33

**解答**　真理表は以下のとおり．

| $A$ | $\neg$ | $\neg A$ | $\Leftrightarrow$ | $A$ |
|---|---|---|---|---|
| 0 | 0 | 1 | 1 | |
| 1 | 1 | 0 | 1 | |

| $A$ | $B$ | $\neg\,(A$ | $\wedge$ | $B)$ | $\Leftrightarrow$ | $\neg A$ | $\vee$ | $\neg B$ | $\neg\,(A$ | $\vee$ | $B)$ | $\Leftrightarrow$ | $\neg A$ | $\wedge$ | $\neg B$ |
|---|---|---|---|---|---|---|---|---|---|---|---|---|---|---|---|
| 0 | 0 | 1 | 0 | | 1 | 1 | 1 | 1 | 1 | 0 | | 1 | 1 | 1 | 1 |
| 0 | 1 | 1 | 0 | | 1 | 1 | 1 | 0 | 0 | 1 | | 1 | 1 | 0 | 0 |
| 1 | 0 | 1 | 0 | | 1 | 0 | 1 | 1 | 0 | 1 | | 1 | 0 | 0 | 1 |
| 1 | 1 | 0 | 1 | | 1 | 0 | 0 | 0 | 0 | 1 | | 1 | 0 | 0 | 0 |

| $A$ | $B$ | $\neg\,(A$ | $\Rightarrow$ | $B)$ | $\Leftrightarrow$ | $A$ | $\wedge$ | $\neg B$ | $\neg\,(A$ | $\Leftrightarrow$ | $B)$ | $\Leftrightarrow$ | $(A$ | $\wedge$ | $\neg B)$ | $\vee$ | $(B$ | $\wedge$ | $\neg A)$ |
|---|---|---|---|---|---|---|---|---|---|---|---|---|---|---|---|---|---|---|---|
| 0 | 0 | 0 | 1 | | 1 | | 0 | 1 | 0 | 1 | | 1 | | 0 | 1 | 0 | | 0 | 1 |
| 0 | 1 | 0 | 1 | | 1 | | 0 | 0 | 1 | 0 | | 1 | | 0 | 0 | 1 | | 1 | 1 |
| 1 | 0 | 1 | 0 | | 1 | | 1 | 1 | 1 | 0 | | 1 | | 1 | 1 | 1 | | 0 | 0 |
| 1 | 1 | 0 | 1 | | 1 | | 0 | 0 | 0 | 1 | | 1 | | 0 | 0 | 0 | | 0 | 0 |

**解説**　基本命題 $A, B$ の真偽の組み合わせのすべてについて，左辺と右辺の命題の真偽が一致することを確かめればよい．このとき，同値命題全体は $A, B$ の真偽によらず常に真となる．

## 確認問題 1.19　否定を使った言い換え　▶p.34

**解答**　論理式は $\neg\,\exists x\, P(x)$．存在の否定の論理法則より，これは否定の全称 $\forall x\, \neg P(x)$ と真偽が一致するから，「すべての $x$ について，$P(x)$ が成り立たない」と言い換えられる．

**解説**　$P(x)$ が成り立たない $x$ を $P$ の反例とよべば，問題の命題は「全対象が $P$ の反例である」とも読める．この問題の命題 $\neg\,\exists x\, P(x)$ や $\forall x\, \neg P(x)$ は，全体否定を表す命題といえる．もう一つの論理法則に現れる命題 $\neg\,\forall x\, P(x)$ や $\exists x\, \neg P(x)$ は，部分否定を表す命題といえる．

## 確認問題 1.20　慣用表現の否定　▶p.35

**解答**　(1) $\exists x\, (P(x) \wedge \neg Q(x))$　(2) $\forall x\, (\neg P(x) \vee \neg Q(x))$ や $\forall x\, (P(x) \Rightarrow \neg Q(x))$

**解説**　(1) 全称の否定と含意の否定の論理法則を使って，$\neg\,\forall x\, (P(x) \Rightarrow Q(x)) \Leftrightarrow \exists x\, \neg\,(P(x) \Rightarrow Q(x)) \Leftrightarrow \exists x\, (P(x) \wedge \neg Q(x))$ と同値変形する．このように，条件付き全称の否定は，条件付き存在の形で表せる．

(2) 存在の否定の論理法則とド・モルガンの法則を使って，$\neg\,\exists x\, (P(x) \wedge Q(x)) \Leftrightarrow \forall x\, \neg\,(P(x) \wedge Q(x)) \Leftrightarrow \forall x\, (\neg P(x) \vee \neg Q(x))$ と同値変形する．さらに，含意を使った形にするには，$\neg A \vee B$ と $A \Rightarrow B$ とが論理同値であるという例題 1.5 (1) の結果を使う．このように，条件付き存在の否定は，条件付き全称の形で表せる．

## 確認問題 1.21　複数の量化子を使う論理式の真偽判定　▶p.36

**解答**　論理式は $\exists x\, \forall y\, (y \geq 2 \ \Rightarrow \ \neg\, y \,|\, x)$．この命題は真．

**解説**　論理式の $\forall y\,(y \geq 2 \;\Rightarrow\; \neg\, y\,|\,x)$ の部分が慣用表現の例になっていることに注意する．この部分は「2 以上のどの整数も，$x$ の約数ではない」という述語を表す．整数 1 の約数は 1 と $-1$ だけだから，$x = 1$ のときにこの述語が真となる．なお，約数の関係 $y\,|\,x$ は $\exists k\; x = k \cdot y$ と表せるので，$=$ と $\cdot$ を使って論理式全体を表せば，$\exists x\, \forall y\,(y \geq 2 \;\Rightarrow\; \neg\, \exists k\; x = k \cdot y)$ となる．

### 確認問題 1.22　全称と存在の併用　▶p.37

**解答**　命題は偽.

**解説**　存在と全称を取り除いた述語 $2\,|\,y \,\wedge\, x \leq y$ を $R(x, y)$ と表すと，本文で扱った例題と同様に真偽を図示できる．

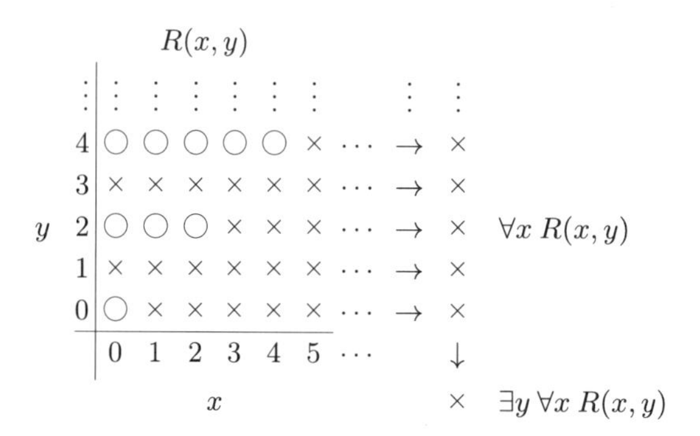


どの非負整数 $y$ についても，$R(y, y+1)$ が偽なので $\forall x\, R(x, y)$ は偽．$\forall x\, R(x, y)$ が真となる非負整数 $y$ がないので，$\exists y\, \forall x\, R(x, y)$ は偽．量化記号の順序を替えると意味が変わることに注意する．問題の論理式は「偶数であるような最大の数がある」と読むことができる．

### 確認問題 2.1　直接証明　▶p.43

**証明**　整数 $x$ が奇数であると仮定して，$x^2$ が奇数であることを導く．仮定と奇数の定義より，$x = 2i + 1$ となる整数 $i$ がある．このとき，$x^2 = (2i + 1)^2 = 4i^2 + 4i + 1 = 2(2i^2 + 2i) + 1$ だから，$j = 2i^2 + 2i$ とおけば $x^2 = 2j + 1$ となる．$j$ は整数だから，奇数の定義より $x^2$ は奇数である．□

**解説**　「$x$ は奇数である」という述語を「$x$ : 奇」で表せば，証明すべき主張である「整数 $x$ が奇数のとき $x^2$ は奇数である」は，含意の論理式「$x$ : 奇 $\Rightarrow$ $x^2$ : 奇」で表せる．これを直接証明により示すには，含意の前提「$x$ : 奇」が真であることを仮定して，含意の結論「$x^2$ : 奇」が真であることを導けばよい．

### 確認問題 2.2　間接証明　▶p.45

対偶による証明と背理法による証明を順に示す．

**証明**　$x$ が奇数ではない（偶数である）と仮定して，$3x + 1$ が偶数ではない（奇数である）ことを導く．仮定と偶数の定義より，$x$ は整数 $i$ を使って $x = 2i$ の形に書ける．

このとき，$3x+1=3(2i)+1=2(3i)+1$ だから，$3x+1$ は整数 $3i$ を使って $2(3i)+1$ の形に書ける．したがって，奇数の定義より $3x+1$ は奇数である．□

**証明**　$3x+1$ が偶数であり $x$ が奇数ではない（偶数である）と仮定して，矛盾を導く．仮定と偶数の定義より，$x$ は整数 $i$ を使って $x=2i$ の形に書ける．このとき，$3x+1=3(2i)+1=2(3i)+1$ だから，$3x+1$ は整数 $3i$ を使って $2(3i)+1$ の形に書ける．したがって，奇数の定義より $3x+1$ は奇数である．これは，$3x+1$ が偶数である（奇数ではない）という仮定に反する．□

**解説**　証明すべき性質「$3x+1$ が偶数のとき $x$ は奇数である」は含意の論理式「$3x+1:$ 偶 $\Rightarrow$ $x:$ 奇」で表せる．対偶による証明では，結論の否定「$\neg$ $x:$ 奇」を仮定して，前提の否定「$\neg$ $3x+1:$ 偶」を導く．背理法による証明では，前提「$3x+1:$ 偶」と結論の否定「$\neg$ $x:$ 奇」を仮定して，矛盾を導く．

### 確認問題 2.3　双方向の含意による証明　▶p.47

**証明**　($\Rightarrow$) $x$ と $y$ がともに奇数であることを仮定し，$xy$ が奇数であることを示す．仮定と奇数の定義より，$x=2i+1$ と $y=2j+1$ を満たす整数 $i$ と $j$ がある．このとき，$xy=(2i+1)(2j+1)=4ij+2i+2j+1=2(2ij+i+j)+1$ だから，$k=2ij+i+j$ とおけば $xy=2k+1$ となる．$k$ は整数だから，奇数の定義より $xy$ は奇数である．

($\Leftarrow$) 対偶による証明のため，$x$ と $y$ の少なくとも一方が奇数ではない（偶数である）ことを仮定して，$xy$ が奇数でない（$xy$ が偶数である）ことを示す．$x$ と $y$ の少なくとも一方が偶数なので，$x$ が偶数の場合と $y$ が偶数の場合の，どちらの場合にも $xy$ が偶数であることを示せばよい．$x$ が偶数の場合，偶数の定義より $x=2i$ を満たす整数 $i$ があるから，$xy=(2i)y=2(iy)$．ここで $j=iy$ とおくと $xy=2j$ であり，$j$ は整数だから，偶数の定義より $xy$ は偶数である．$y$ が偶数の場合も同様にして，$xy$ が偶数であることを導ける．□

**解説**　証明すべき性質「$x,y$ がともに奇数であることの必要十分条件は，$xy$ が奇数であることである」は，同値の論理式「$x:$ 奇 $\land$ $y:$ 奇 $\Leftrightarrow$ $xy:$ 奇」で表せる．同値の論理式が正しいことを示すため，上記の証明では双方向の含意を示した．より詳しくは，右向きの含意「$x:$ 奇 $\land$ $y:$ 奇 $\Rightarrow$ $xy:$ 奇」を示すために直接証明を使い，左向きの含意「$x:$ 奇 $\land$ $y:$ 奇 $\Leftarrow$ $xy:$ 奇」を示すために間接証明（対偶による証明）を使った．左向きの含意を，対偶でなく背理法を使って証明してもよい．証明中で「$\neg$ ($x:$ 奇 $\land$ $y:$ 奇)」と「$\neg$ $x:$ 奇 $\lor$ $\neg$ $y:$ 奇」とが論理同値である，というド・モルガンの法則を使っている．また，$A \lor B$ が成り立つ（$A$ と $B$ の少なくとも一方が成り立つ）ときには，$A$ が成り立つ場合と $B$ が成り立つ場合の場合分けによる証明ができることにも注意しよう．

### 確認問題 2.4　同値変形による集合の性質の証明　▶p.48

**解答**　同値変形による証明を以下に示す．

$$
\begin{aligned}
& x \in (S \setminus T)^{\mathrm{c}} & \\
\Leftrightarrow\ & \neg\,(x \in S \setminus T) & \text{（補集合の定義）} \\
\Leftrightarrow\ & \neg\,(x \in S \land x \notin T) & \text{（集合の差の定義）} \\
\Leftrightarrow\ & \neg\, x \in S \lor x \in T & \text{（ド・モルガンの法則）}
\end{aligned}
$$

$$\Leftrightarrow \quad x \in S \Rightarrow x \in T \qquad (\Rightarrow \text{の} \neg \text{と} \vee \text{による表現})$$

**解説**　同値 $A \Leftrightarrow B$ を証明するには，同値命題の論理法則を繰り返し使えばよい．

### 確認問題 2.5　同値変形による集合の性質の証明　▶p.48

**証明**　同値変形による証明を以下に示す．

$$\begin{aligned} & S \cap T = \emptyset \\ \Leftrightarrow\ & \neg \exists x\, (x{\in}S \wedge x{\in}T) && (\text{共通部分と空集合の定義／互いに素の定義}) \\ \Leftrightarrow\ & \forall x \neg (x{\in}S \wedge x{\in}T) && (\text{量化子に関するド・モルガンの法則}) \\ \Leftrightarrow\ & \forall x\, (\neg x{\in}S \vee \neg x{\in}T) && (\text{結合子に関するド・モルガンの法則}) \\ \Leftrightarrow\ & \forall x\, (x{\in}S \Rightarrow \neg x{\in}T) && (\Rightarrow \text{の} \neg \text{と} \vee \text{による表現}) \\ \Leftrightarrow\ & S \subseteq T^{\mathrm{c}} && (\text{包含関係と補集合の定義}) \end{aligned}$$

**解説**　同値変形によらない，双方向の含意の証明もできる．($\Rightarrow$) $S \cap T = \emptyset$ を仮定する．$S \subseteq T^{\mathrm{c}}$ を示すために，$x{\in}S$ を仮定して $x{\in}T^{\mathrm{c}}$ を導く．$x{\in}T^{\mathrm{c}}$ を導くには，補集合の定義から，$x{\in}T$ を仮定して矛盾が生じることを示せばよい．二つの仮定 $x{\in}S$ と $x{\in}T$ と共通部分の定義から，$x{\in}S \cap T$．これと仮定 $S \cap T = \emptyset$ より $x{\in}\emptyset$ であるが，これは空集合の定義に矛盾する．($\Leftarrow$) $S \subseteq T^{\mathrm{c}}$ を仮定する．$S \cap T = \emptyset$ を示すため，空集合の定義を使って，$x{\in}S \cap T$ を満たす $x$ があると仮定して矛盾が生じることを示す．仮定 $x{\in}S \cap T$ と共通部分の定義より $x{\in}S$ かつ $x{\in}T$ である．$x{\in}S$ と仮定 $S \subseteq T^{\mathrm{c}}$ と部分集合の定義から $x{\in}T^{\mathrm{c}}$．補集合の定義より，これは $x{\in}T$ に矛盾する．

### 確認問題 2.6　全称の証明　▶p.50

**証明**　$S = S \cap T$ を仮定して $S \subseteq T$ を導く．$S \subseteq T$ を示すため，任意の $x$ について，$x \in S$ を仮定して $x \in T$ を導く．仮定 $x \in S$ と $S = S \cap T$ より $x \in S \cap T$．これと共通部分の定義より，$x \in S$ かつ $x \in T$．よって $x \in T$．□

**解説**　証明すべき性質は含意の論理式で表せるので，直接証明により，前提 $S = S \cap T$ を仮定して結論 $S \subseteq T$ を示した．証明の次の目標である包含関係 $S \subseteq T$ は，全称の論理式 $\forall x\, (x \in S \Rightarrow x \in T)$ で定義されるので，任意の対象を表す変数 $x$ を使って，全称を取り除いた部分 $x \in S \Rightarrow x \in T$ を示した．この部分の含意にも直接証明を使った．主張を論理式で表すことで，その形から論理記号に応じた証明方針が定まり，その論理記号に関する証明法を 1 回使うごとに，証明すべき目標が 1 段階ずつ単純になっていることに注意しよう．

### 確認問題 2.7　存在の証明　▶p.50

**証明**　$x = -1$ のとき $x^2 - 2x - 3 = 1 + 2 - 3 = 0$ だから，方程式 $x^2 - 2x - 3 = 0$ には整数解が存在する．□

**解説**　$x^2 - 2x - 3 = (x + 1)(x - 3)$ より，方程式 $x^2 - 2x - 3 = 0$ には $x = -1$ と $x = 3$ の二つの整数解がある．解が存在することの証明のためには，解をすべて求める必要はなく，一つの例について解であることを確かめれば十分である．

### 確認問題 2.8　論理法則を使う証明 ▶p.54

以下の証明では，$\wedge$ や $\vee$ の結合法則と交換法則を断りなく使う．

**証明**

(1)

$$\begin{aligned} & A \wedge B \Rightarrow A \\ \Leftrightarrow\ & \neg(A \wedge B) \vee A && (\Rightarrow \text{ の } \neg \text{ と } \vee \text{ による表現}) \\ \Leftrightarrow\ & \neg A \vee \neg B \vee A && (\text{ド・モルガンの法則}) \\ \Leftrightarrow\ & \top \vee \neg B && (\text{排中}) \\ \Leftrightarrow\ & \top && (\top \text{ による吸収}) \end{aligned}$$

(2)

$$\begin{aligned} & A \Rightarrow A \wedge B \\ \Leftrightarrow\ & \neg A \vee (A \wedge B) && (\Rightarrow \text{ の } \neg \text{ と } \vee \text{ による表現}) \\ \Leftrightarrow\ & (\neg A \vee A) \wedge (\neg A \vee B) && (\vee \text{ の } \wedge \text{ への分配}) \\ \Leftrightarrow\ & \top \wedge (\neg A \vee B) && (\text{排中}) \\ \Leftrightarrow\ & \neg A \vee B && (\top \text{ の消去}) \\ \Leftrightarrow\ & A \Rightarrow B && (\Rightarrow \text{ の } \neg \text{ と } \vee \text{ による表現}) \end{aligned}$$

(3)

$$\begin{aligned} & A \wedge B \Leftrightarrow A \\ \Leftrightarrow\ & (A \wedge B \Rightarrow A) \wedge (A \Rightarrow A \wedge B) && (\Leftrightarrow \text{ の } \Rightarrow \text{ と } \wedge \text{ による表現}) \\ \Leftrightarrow\ & \top \wedge (A \Rightarrow B) && ((1) \text{ と } (2) \text{ の結果}) \\ \Leftrightarrow\ & A \Rightarrow B && (\top \text{ の消去}) \end{aligned}$$

**解説**　一度証明した論理法則は，具体化してほかの証明に自由に使える．論理法則の使い方を学ぶため，この問題では，(3) を示すために (1) と (2) を使う同値変形をした．(3) の命題が恒真であることを示すだけなら，真理表を使うほうが簡単である．

### 確認問題 3.1　推論の例 ▶p.59

**解答**　本文の例と形式が同じ推論として，四角形についての推論の例を示す．

> 正方形である四角形はみな平行四辺形なのだから，仮に四角形 ABCD が正方形だとすると，四角形 ABCD は平行四辺形のはずである．しかし，四角形 ABCD は平行四辺形ではないので，仮定は誤りで，四角形 ABCD は正方形でないとわかる．さらに，四角形 ABCD は台形だから，四角形 ABCD は正方形でない台形である．よって，正方形でない台形がある．

**解説**　証明の骨格部分（自然演繹で表された証明）が同じなので，文章の論理展開の基本部分は変える必要がない．$P(x), Q(x), R(x), c$ が，それぞれ「$x$ は正方形」「$x$ は平行四辺形」「$x$ は台形」「四角形 ABCD」を表すと考えて，形式を保ったまま適切に書き換えることで，この推論が得られる．

### 確認問題 3.2　規則の利用 ▶p.61

**解答**　証明は以下のとおり．

$$\dfrac{\overset{3}{R} \qquad \dfrac{\dfrac{\overset{3}{R} \quad \overset{2}{R \Rightarrow (P \Rightarrow Q)}}{P \Rightarrow Q}\Rightarrow\mathrm{E} \qquad \overset{1}{(P \Rightarrow Q) \Rightarrow (R \Rightarrow S)}}{R \Rightarrow S}\Rightarrow\mathrm{E}}{S}\Rightarrow\mathrm{E}$$

**解説**　1 段階の証明を作るとき，含意の除去規則

$$\dfrac{A \quad A \Rightarrow B}{B}\Rightarrow\mathrm{E}$$

の $A$ と $B$ には，どんな論理式を当てはめてもよい．これを繰り返して証明全体を作る．同じ仮定を何回使ってもよい．

## 確認問題 3.3　仮定番号と規則名　▶p.63

**解答**　完全な証明は以下のとおり．

$$\dfrac{\dfrac{\dfrac{\overset{2}{P} \quad \dfrac{\overset{1}{(P \Rightarrow Q) \wedge (Q \Rightarrow R)}}{P \Rightarrow Q}\wedge\mathrm{E}_1}{Q}\Rightarrow\mathrm{E} \qquad \dfrac{\overset{1}{(P \Rightarrow Q) \wedge (Q \Rightarrow R)}}{Q \Rightarrow R}\wedge\mathrm{E}_2}{\dfrac{R}{P \Rightarrow R}\Rightarrow\mathrm{I}\ 2}\Rightarrow\mathrm{E}}{(P \Rightarrow Q) \wedge (Q \Rightarrow R) \ \Rightarrow\ (P \Rightarrow R)}\Rightarrow\mathrm{I}\ 1$$

**解説**　証明中の各論理式を一番大まかにとらえるときの論理記号（☆とする）に着目し，これを「主要な論理記号」とよぶことにする．たとえば，証明の最上段の論理式 $(P \Rightarrow Q) \wedge (Q \Rightarrow R)$ なら $\wedge$ が，証明の最下段の論理式 $(P \Rightarrow Q) \wedge (Q \Rightarrow R) \Rightarrow (P \Rightarrow R)$ なら $\Rightarrow$ が，主要な論理記号である．着目する論理式が線の下段（規則の結論）にあれば，導入規則 (☆ I) を使える可能性が，線の上段（規則の前提）にあれば，除去規則 (☆ E) を使える可能性がある．また，前提の論理式の個数や論理式の形からも，使える規則が絞られる．なお，同じ仮定は何回使ってもよい．この証明では，規則 ⇒I で一時的に設けた仮定 1 を 2 回使っている．仮定番号の付け方は自由なので，1 と 2 を付け替えても正しい．

## 確認問題 3.4　含意規則と連言規則を使う証明　▶p.63

**解答**　$P \Rightarrow Q \wedge R$ から $P \wedge Q \Rightarrow R$ を導く証明は，以下のとおり．

$$\dfrac{\dfrac{\dfrac{\dfrac{\overset{2}{P \wedge Q}}{P}\wedge\mathrm{E}_1 \qquad \overset{1}{P \Rightarrow Q \wedge R}}{Q \wedge R}\Rightarrow\mathrm{E}}{R}\wedge\mathrm{E}_2}{P \wedge Q \ \Rightarrow\ R}\Rightarrow\mathrm{I}\ 2$$

**解説**　含意の導入規則で，一時的な仮定を設けることに注意する．前問と同様に，仮定番号 1 と 2 を入れ替えてもよい．

## 確認問題 3.5　仮定なしの証明　▶p.63

**解答**　$P \wedge Q \Rightarrow (P \Rightarrow Q)$ の証明は，以下のとおり．

$$
\dfrac{\dfrac{\dfrac{\overset{1}{P \wedge Q}}{Q}\ \wedge\mathrm{E}_2}{P \Rightarrow Q}\ \Rightarrow\mathrm{I}}{P \wedge Q \ \Rightarrow\ (P \Rightarrow Q)}\ \Rightarrow\mathrm{I}\ 1
$$

**解説**　含意 $P \wedge Q \Rightarrow (P \Rightarrow Q)$ を示すため，最下段の $\Rightarrow$I では一時的な仮定 1 $(P \wedge Q)$ を設けて $P \Rightarrow Q$ を導く．この仮定から規則 $\wedge\mathrm{E}_2$ を使って $Q$ が導けるので，$P \Rightarrow Q$ を導くのに $P$ を仮定する必要がない．したがって，規則 $\Rightarrow$I を使って $Q$ から $P \Rightarrow Q$ を導くところで，仮定を無効にする必要がない（0 個の仮定を除去している）．一方，一時的に設けた仮定 1 は，最下段で除去されて，導出の結論では無効になっている．つまり，導出の結論である $P \wedge Q \Rightarrow (P \Rightarrow Q)$ は，一時的な仮定 $P \wedge Q$ には依存しない．

## 確認問題 3.6　選言規則を使う証明　▶p.65

**解答**　$P \vee Q$ から $P \vee (Q \vee R)$ を導く証明は，以下のとおり．

$$
\dfrac{\overset{1}{P \vee Q} \qquad \dfrac{\overset{2}{P}}{P \vee (Q \vee R)}\ \vee\mathrm{I}_1 \qquad \dfrac{\dfrac{\overset{3}{Q}}{Q \vee R}\ \vee\mathrm{I}_1}{P \vee (Q \vee R)}\ \vee\mathrm{I}_2}{P \vee (Q \vee R)}\ \vee\mathrm{E}\ 2,3
$$

**解説**　最下段に導入規則でなく除去規則を使う点に注意する．

## 確認問題 3.7　矛盾規則を使う証明　▶p.67

**解答**　$(P \vee Q) \wedge (P \Rightarrow \bot) \ \Rightarrow\ Q$ の証明は，以下のとおり．

$$
\dfrac{\dfrac{\dfrac{\overset{1}{(P \vee Q) \wedge (P \Rightarrow \bot)}}{P \vee Q}\ \wedge\mathrm{E}_1 \qquad \dfrac{\dfrac{\overset{2}{P} \quad \dfrac{\overset{1}{(P \vee Q) \wedge (P \Rightarrow \bot)}}{P \Rightarrow \bot}\ \wedge\mathrm{E}_2}{\bot}\ \Rightarrow\mathrm{E}}{Q}\ \bot \qquad \overset{3}{Q}}{Q}\ \vee\mathrm{E}\ 2,3}{(P \vee Q) \wedge (P \Rightarrow \bot) \ \Rightarrow\ Q}\ \Rightarrow\mathrm{I}\ 1
$$

**解説**　$P \Rightarrow \bot$ が $\neg P$ を表すと考えれば，これは $(P \vee Q) \wedge \neg P \ \Rightarrow\ Q$ の証明でもある．

## 確認問題 3.8　否定の代用規則を使う証明　▶p.69

**解答**　$P \ \Rightarrow\ \neg(\neg P \wedge Q)$ の証明は，以下のとおり．

$$\dfrac{\dfrac{\dfrac{\overset{1}{P} \qquad \dfrac{\overset{2}{\neg P \land Q}}{\neg P}\,\land\mathrm{E}_1}{\bot}\,\Rightarrow\mathrm{E}}{\neg(\neg P \land Q)}\,\Rightarrow\mathrm{I}\ 2}{P \Rightarrow \neg(\neg P \land Q)}\,\Rightarrow\mathrm{I}\ 1$$

**解説**　下から2段目の否定 $\neg(\neg P \land Q)$ は $\neg P \land Q \Rightarrow \bot$ の略記だから，この含意を示すために規則 $\Rightarrow$I を使う．また，上から2段目の $\neg P$ を $P \Rightarrow \bot$ と読み替えて規則 $\Rightarrow$E を使う．

### 確認問題 3.9　同値の代用規則を使う証明　▶p.70

**解答**　$P \land \neg P \Leftrightarrow \bot$ の証明は以下のとおり．

$$\dfrac{\dfrac{\dfrac{\dfrac{\overset{1}{P \land \neg P}}{P}\,\land\mathrm{E}_1 \qquad \dfrac{\overset{1}{P \land \neg P}}{\neg P}\,\land\mathrm{E}_2}{\bot}\,\Rightarrow\mathrm{E}}{P \land \neg P \Rightarrow \bot}\,\Rightarrow\mathrm{I}\ 1 \qquad \dfrac{\dfrac{\overset{2}{\bot}}{P \land \neg P}\,\bot}{\bot \Rightarrow P \land \neg P}\,\Rightarrow\mathrm{I}\ 2}{P \land \neg P \Leftrightarrow \bot}\,\land\mathrm{I}$$

**解説**　最下段で同値 $P \land \neg P \Leftrightarrow \bot$ が $(P \land \neg P \Rightarrow \bot) \land (\bot \Rightarrow P \land \neg P)$ という両方向の含意の連言の略記であることを使う．また，上から2段目の否定 $\neg P$ を $P \Rightarrow \bot$ に読み替えて規則 $\Rightarrow$E を使う．

### 確認問題 3.10　背理法規則を使う証明　▶p.72

**解答**　$(\neg P \Rightarrow \neg Q) \Rightarrow (Q \Rightarrow P)$ の証明は，以下のとおり．

$$\dfrac{\dfrac{\dfrac{\dfrac{\overset{2}{Q} \qquad \dfrac{\overset{3}{\neg P} \quad \overset{1}{\neg P \Rightarrow \neg Q}}{\neg Q}\,\Rightarrow\mathrm{E}}{\bot}\,\Rightarrow\mathrm{E}}{P}\,\bot_{\mathrm{c}}\ 3}{Q \Rightarrow P}\,\Rightarrow\mathrm{I}\ 2}{(\neg P \Rightarrow \neg Q) \Rightarrow (Q \Rightarrow P)}\,\Rightarrow\mathrm{I}\ 1$$

**解説**　下から3段目で $P$ を導くために背理法規則 $(\bot_{\mathrm{c}})$ を使って，仮定 $\neg P$ から矛盾を導くことに注意する．また，上から2段目の否定 $\neg Q$ を $Q \Rightarrow \bot$ に読み替えて規則 $\Rightarrow$E を使う．

### 確認問題 3.11　束縛変数の例　▶p.74

**解答**　数学での束縛変数の利用例としては，集合演算

$$\bigcup_{i \in I} X_i \qquad \bigcap_{i \in I} X_i$$

で使われる添字 $i$ や，微分や積分

$$\frac{\mathrm{d}}{\mathrm{d}x}f(x) \qquad \int f(x)\,\mathrm{d}x$$

で使われる変数 $x$ などがある．

**解説**　数学以外の分野でも，束縛変数の考え方は使われる．コンピュータのプログラムで使われる関数（手続き，メソッド）のパラメータも，束縛変数の一種である．たとえば，次の C 言語プログラムでは，変数 **x, y** が束縛変数である．

```
int max(int x, int y) {
  if (x >= y) return x;
  else        return y;
}
```

x, y をほかの変数 num1, num2 に変えても，二つの整数の最大値を求める関数 max の機能は変わらない．

## 確認問題 3.12　束縛出現と自由出現　▶p.75

**解答**　連言の左に現れる $x$ は束縛出現で $y$ は自由出現である．一方，連言の右に現れる $x$ は自由出現で $y$ は束縛出現である．変数 $x,y$ のどちらも自由出現するので，束縛変数を付け替えるには，その他の変数を使えばよい．

$$\exists x'\, R(x', y) \land \forall y'\, (R(x, y') \Rightarrow R(y', x))$$

**解説**　連言の左右の量化 $\exists x'$ と $\forall y'$ とで束縛範囲が重ならないので，共通の束縛変数に置き換えて

$$\exists w\, R(w, y) \land \forall w\, (R(x, w) \Rightarrow R(w, x))$$

としても内容は変わらない．

## 確認問題 3.13　代入　▶p.75

**解答**　論理式 $A$ が $\exists x\, R(x, y)$ のときの $A[y := a \cdot b]$ は $\exists x\, R(x,\, a \cdot b)$．論理式 $B$ が $\forall y\, (R(x, y) \Rightarrow R(y, x))$ のときの $B[x := a]$ は $\forall y\, (R(a, y) \Rightarrow R(y, a))$ で，$B[y := b]$ は $B$ と同一の論理式 $\forall y\, (R(x, y) \Rightarrow R(y, x))$．

**解説**　$B[y := b]$ では $B$ 内の $y$ の束縛出現は置き換わらない．

## 確認問題 3.14　変数条件　▶p.77

**解答**　仮定番号と規則名を書き足した証明図を以下に示す．

$$\dfrac{\dfrac{\dfrac{\dfrac{\overset{1}{\forall x\, P(x) \land \forall x\, Q(x)}}{\forall x\, P(x)}\land\mathrm{E}_1}{P(a)}\forall\mathrm{E} \qquad \dfrac{\dfrac{\overset{1}{\forall x\, P(x) \land \forall x\, Q(x)}}{\forall x\, Q(x)}\land\mathrm{E}_2}{Q(a)}\forall\mathrm{E}}{\dfrac{P(a) \land Q(a)}{\forall x\, (P(x) \land Q(x))}\forall\mathrm{I}}\land\mathrm{I}}{(\forall x\, P(x) \land \forall x\, Q(x)) \Rightarrow \forall x\, (P(x) \land Q(x))}\Rightarrow\mathrm{I}\ 1$$

変数条件が成り立つのは，全称の導入規則 (∀I) の結論 $\forall x\,(P(x) \land Q(x))$ にも，この結論で有効な仮定 1 にも，変数 $a$ が出現しないからである．

**解説**　上から 2 段目の全称命題 $\forall x\,P(x)$ や $\forall x\,Q(x)$ に対して使う全称の除去規則 (∀E) と，下から 2 段目で全称命題 $\forall x\,(P(x) \land Q(x))$ を導くために使う全称の導入規則 (∀I) の使い方に注意する．なお，有効範囲の中であれば，同じ仮定を何回でも書き写して使える．ここでは，含意を証明するための仮定 1 を 2 回使っている．

## 確認問題 3.15　全称規則を使う証明　▶p.78

**解答**　$(P \lor \forall x\,Q(x)) \Rightarrow \forall x\,(P \lor Q(x))$ の証明は，以下のとおり．

$$\dfrac{\dfrac{\dfrac{\overset{1}{P \lor \forall x\,Q(x)} \quad \dfrac{\overset{2}{P}}{P \lor Q(a)}\,{\lor}\mathrm{I}_1 \quad \dfrac{\dfrac{\overset{3}{\forall x\,Q(x)}}{Q(a)}\,\forall\mathrm{E}}{P \lor Q(a)}\,{\lor}\mathrm{I}_2}{P \lor Q(a)}\,{\lor}\mathrm{E}\ 2,3}{\forall x\,(P \lor Q(x))}\,\forall\mathrm{I}}{(P \lor \forall x\,Q(x)) \Rightarrow \forall x\,(P \lor Q(x))}\,{\Rightarrow}\mathrm{I}\ 1$$

**解説**　下から 2 段目の全称命題 $\forall x\,(P \lor Q(x))$ の導出のために，全称の導入規則 (∀I) を使う．ここでの規則の結論 $\forall x\,A$ は $\forall x\,(P \lor Q(x))$ に対応し，この論理式から $\forall x$ を取り去った $P \lor Q(x)$ の $x$ を自由変数 $a$ に置き換えた $P \lor Q(a)$ が規則の前提となる．また，右上の 1 段目で全称命題 $\forall x\,Q(x)$ の $x$ を $a$ に置き換えるために全称の除去規則 (∀E) を使う．規則 ∀I を使うときは，変数条件を確認する．ここでは，選言の除去規則 (∨E) による場合分けのために一時的に設けた仮定 2, 3 は，選言の除去が済めば無効になるので，全称導入の結論 $\forall x\,(P \lor Q(x))$ では仮定 1 だけが有効である．この結論にも仮定 1 にも変数 $a$ は現れないので，規則 ∀I の変数条件が成り立つ．

## 確認問題 3.16　存在規則の誤用　▶p.80

**解答**　存在の除去規則 (∃E) の使い方に誤りがある．前提 $\neg P(a)$ に変数 $a$ が自由出現し，変数条件が成り立っていないからである．

**解説**　正しい証明は例題 3.8 にあるので，違いを確かめるとよい．

## 確認問題 3.17　存在規則を使う証明　▶p.80

**解答**　$\exists x\,(P \lor Q(x)) \Rightarrow P \lor \exists x\,Q(x)$ の証明は，以下のとおり．

$$\dfrac{\dfrac{\overset{1}{\exists x\,(P \lor Q(x))} \quad \dfrac{\overset{2}{P \lor Q(a)} \quad \dfrac{\overset{3}{P}}{P \lor \exists x\,Q(x)}\,{\lor}\mathrm{I}_1 \quad \dfrac{\dfrac{\overset{4}{Q(a)}}{\exists x\,Q(x)}\,\exists\mathrm{I}}{P \lor \exists x\,Q(x)}\,{\lor}\mathrm{I}_2}{P \lor \exists x\,Q(x)}\,{\lor}\mathrm{E}\ 3,4}{P \lor \exists x\,Q(x)}\,\exists\mathrm{E}\ 2}{\exists x\,(P \lor Q(x)) \Rightarrow P \lor \exists x\,Q(x)}\,{\Rightarrow}\mathrm{I}\ 1$$

**解説**　右上の最上段の $Q(a)$ から存在命題 $\exists x\,Q(x)$ を導くために，存在の導入規則 (∃I)

を使う．存在命題である仮定 1 を使って下から 2 段目の $P \vee \exists x\, Q(x)$ を導くために，存在の除去規則 ($\exists$E) を使う．ここでの規則の前提の存在命題 $\exists x\, A$ は仮定 1，つまり $\exists x\,(P \vee Q(x))$ に対応する．この論理式から $\exists x$ を取り去った $P \vee Q(x)$ の $x$ を自由変数に置き換えた $P \vee Q(a)$ を一時的な仮定として設定し，下から 3 段目の $P \vee \exists x\, Q(x)$ を導く．規則 $\exists$E を使うときは，変数条件を確認する．規則 $\exists$E の二つの前提 $\exists x\,(P \vee Q(x))$ と $P \vee \exists x\, Q(x)$ に変数 $a$ は現れない．また，規則 $\exists$E による一時的な仮定 2 で変数 $a$ を使うのは問題ない．さらに，選言の除去規則 ($\vee$E) による場合分けのために一時的に設けた仮定 3, 4 は選言の除去が済めば無効になる．したがって，規則 $\exists$E の変数条件が成り立つ．

### 確認問題 3.18　関数記号を含む証明 ▶p.82

**解答**　$\forall x\, \exists y\, R(x, g(y)) \Rightarrow \exists x\, R(f(c), x)$ の証明は，以下のとおり．

$$\dfrac{\dfrac{\dfrac{\overset{1}{\forall x\, \exists y\, R(x, g(y))}}{\exists y\, R(f(c), g(y))}\ \forall\mathrm{E} \qquad \dfrac{\overset{2}{R(f(c), g(a))}}{\exists x\, R(f(c), x)}\ \exists\mathrm{I}}{\exists x\, R(f(c), x)}\ \exists\mathrm{E}\ 2}{\forall x\, \exists y\, R(x, g(y)) \Rightarrow \exists x\, R(f(c), x)}\ {\Rightarrow}\mathrm{I}\ 1$$

**解説**　左上の $\forall$E と右上の $\exists$I で変数 $x$ に代入する項として選んだのは，それぞれ $f(c)$ と $g(a)$ である．また，規則 $\exists$E の変数条件が成り立つのは，変数 $a$ が規則の二つの前提 $\exists y\, R(f(c), g(y))$ と $\exists x\, R(f(c), x)$ に現れず，規則 $\exists$E の一時的な仮定 2 以外に前提の右式で有効な仮定がないからである．規則 $\forall$E や $\exists$I での $x$ への適切な代入がすぐにわからなければ，とりあえず $t_1, t_2$ などとおき，後で形が合うように置き換えればよい．

$$\dfrac{\dfrac{\dfrac{\overset{1}{\forall x\, \exists y\, R(x, g(y))}}{\exists y\, R(t_1, g(y))}\ \forall\mathrm{E} \qquad \dfrac{\overset{2}{R(f(c), t_2)}}{\exists x\, R(f(c), x)}\ \exists\mathrm{I}}{\exists x\, R(f(c), x)}\ \exists\mathrm{E}\ 2}{\forall x\, \exists y\, R(x, g(y)) \Rightarrow \exists x\, R(f(c), x)}\ {\Rightarrow}\mathrm{I}\ 1$$

規則 $\exists$E で変数 $y$ に $a$ を代入する場合に，$t_1$ が $f(c)$，$t_2$ が $g(a)$ であるとわかる．

### 確認問題 3.19　述語論理で背理法規則を使う証明 ▶p.83

**解答**　$\neg \exists x\, \neg P(x) \Rightarrow \forall x\, P(x)$ の証明は，以下のとおり．

$$\dfrac{\dfrac{\dfrac{\dfrac{\dfrac{\overset{2}{\neg P(a)}}{\exists x\, \neg P(x)}\ \exists\mathrm{I} \qquad \overset{1}{\neg \exists x\, \neg P(x)}}{\bot}\ {\Rightarrow}\mathrm{E}}{P(a)}\ \bot_{\mathrm{c}}\ 2}{\forall x\, P(x)}\ \forall\mathrm{I}}{\neg \exists x\, \neg P(x) \Rightarrow \forall x\, P(x)}\ {\Rightarrow}\mathrm{I}\ 1$$

**解説**　背理法規則 $\bot_c$ の適用に注意する．この証明では，下から 3 段目の $P(a)$ を示すために，その否定 $\neg P(a)$ を仮定して矛盾を導いた．なお，規則 $\forall$I の使用時には変数条件を確認する．下から 2 段目にある規則 $\forall$I の結論は，背理法規則のために設けた仮定 2 の有効範囲外なので，この結論では仮定 1 だけが有効である．変数 $a$ は規則 $\forall$I の結論 $\forall x\, P(x)$ にも結論で有効な仮定 $\neg\exists x\, \neg P(x)$ にも現れないので，変数条件が成り立つ．

### 確認問題 3.20　導出と仮定集合　▶p.88

**解答**　$(\mathsf{P}_1 \Rightarrow \forall \mathsf{x}_1\, \mathsf{P}_2(\mathsf{x}_1)) \Rightarrow \forall \mathsf{x}_1\, (\mathsf{P}_1 \Rightarrow \mathsf{P}_2(\mathsf{x}_1))$ の導出は，以下のとおり．

$$
\dfrac{\dfrac{\dfrac{\dfrac{\dfrac{\mathsf{P}_1 \quad \mathsf{P}_1 \Rightarrow \forall \mathsf{x}_1\, \mathsf{P}_2(\mathsf{x}_1)}{\forall \mathsf{x}_1\, \mathsf{P}_2(\mathsf{x}_1)}\Rightarrow\mathrm{E}}{\mathsf{P}_2(\mathsf{x}_1)}\forall\mathrm{E}}{\mathsf{P}_1 \Rightarrow \mathsf{P}_2(\mathsf{x}_1)}\Rightarrow\mathrm{I}}{\forall \mathsf{x}_1\, (\mathsf{P}_1 \Rightarrow \mathsf{P}_2(\mathsf{x}_1))}\forall\mathrm{I}}{(\mathsf{P}_1 \Rightarrow \forall \mathsf{x}_1\, \mathsf{P}_2(\mathsf{x}_1)) \Rightarrow \forall \mathsf{x}_1\, (\mathsf{P}_1 \Rightarrow \mathsf{P}_2(\mathsf{x}_1))}\Rightarrow\mathrm{I}
$$

導出が依存する仮定を示す図は，以下のとおり．

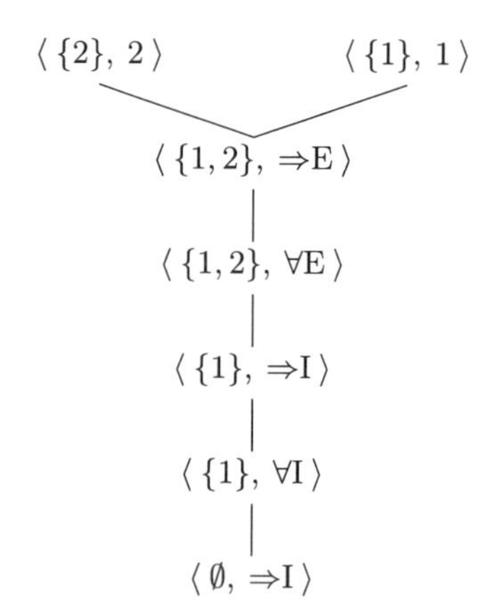


### 確認問題 3.21　論理式の解釈　▶p.95

**解答**　(1) 真．$0+2$ は偶数．(2) 真．0 は非負整数の最小値．(3) 真．非負整数 $m, n$ が $m \leq n$ を満たせば，$m+2 \leq n+2$ も成立．

**解説**　問題に与えられた構造で，$\mathsf{f}_1$ は 0 という非負整数，$\mathsf{f}_2$ は「2 を足す」という関数，$\mathsf{P}_1$ は「……は偶数である」という性質，$\mathsf{P}_2$ は「……は……以下」という関係，として解釈される．この構造のもとで，各論理式は次の意味をもつ．$\mathsf{P}_1(\mathsf{f}_2(\mathsf{f}_1))$ は「0 に 2 を足した数は偶数」，$\forall \mathsf{x}_2\, \mathsf{P}_2(\mathsf{f}_1, \mathsf{x}_2)$ は「0 は非負整数の最小値」，$\forall \mathsf{x}_1 \forall \mathsf{x}_2\, (\mathsf{P}_2(\mathsf{x}_1, \mathsf{x}_2) \Rightarrow \mathsf{P}_2(\mathsf{f}_2(\mathsf{x}_1), \mathsf{f}_2(\mathsf{x}_2)))$ は「関係 $\leq$ は両辺に 2 ずつ足して保たれる」．これらの論理式の解釈，あるいは構造 $\mathcal{A} = (U, I)$ のもとでの論理式の真理値を求めることによって真偽が判定できる．

$$
\begin{aligned}
(1) \quad & \mathsf{P}_1(\mathsf{f}_2(\mathsf{f}_1))^{\mathcal{A},v} \\
= \; & {\mathsf{P}_1}^I({\mathsf{f}_2}^I({\mathsf{f}_1}^I)) && \text{（解釈の定義）} \\
= \; & {\mathsf{P}_1}^I(0+2) && \text{（}I\text{ の定義）} \\
= \; & {\mathsf{P}_1}^I(2) && (0+2=2) \\
= \; & 1 && \text{（}I\text{ の定義，2 は偶数）}
\end{aligned}
$$

$$
\begin{aligned}
(2) \quad & (\forall \mathsf{x}_2\, \mathsf{P}_2(\mathsf{f}_1, \mathsf{x}_2))^{\mathcal{A},v} \\
= \; & \min\{{\mathsf{P}_2}^I({\mathsf{f}_1}^I, n) \mid n \in \mathbb{N}\} && \text{（解釈の定義）} \\
= \; & \min\{{\mathsf{P}_2}^I(0, n) \mid n \in \mathbb{N}\} && \text{（}I\text{ の定義）} \\
= \; & 1 && \text{（}I\text{ の定義，}n \in \mathbb{N}\text{ なら }0 \le n\text{）}
\end{aligned}
$$

$$
\begin{aligned}
(3) \quad & (\forall \mathsf{x}_1 \forall \mathsf{x}_2\, (\mathsf{P}_2(\mathsf{x}_1, \mathsf{x}_2) \Rightarrow \mathsf{P}_2(\mathsf{f}_2(\mathsf{x}_1), \mathsf{f}_2(\mathsf{x}_2))))^{\mathcal{A},v} \\
= \; & \min\{\min\{\max(1 - {\mathsf{P}_2}^I(m,n),\ {\mathsf{P}_2}^I({\mathsf{f}_2}^I(m), {\mathsf{f}_2}^I(n))) \mid n \in \mathbb{N}\} \mid m \in \mathbb{N}\} \\
= \; & \min\{\min\{\max(1 - {\mathsf{P}_2}^I(m,n),\ {\mathsf{P}_2}^I(m+2, n+2)) \mid n \in \mathbb{N}\} \mid m \in \mathbb{N}\} \\
= \; & \min\{\min\{1 \mid n \in \mathbb{N}\} \mid m \in \mathbb{N}\} \\
= \; & 1
\end{aligned}
$$

ここで，1 行目から 2 行目への式変形には解釈の定義を使い，3 行目への変形には $I$ の定義を使い，4 行目への変形では「$m \le n$ のとき $m+2 \le n+2$」という非負整数の性質を使った．この性質は，$I$ の定義から，「${\mathsf{P}_2}^I(m,n) = 1$ のとき ${\mathsf{P}_2}^I(n+2, m+2) = 1$」を意味する．

## 確認問題 3.22　非恒真性を示す方法 ▶p.98

**解答**　構造 $\mathcal{A}$ と付値 $v$ が $(\neg A)^{\mathcal{A},v} = 1$ を満たすとき，論理式の解釈の定義から $A^{\mathcal{A},v} = 0$ つまり $A^{\mathcal{A},v} \neq 1$ である．したがって，任意の構造 $\mathcal{A}$ と付値 $v$ について $A^{\mathcal{A},v} = 1$，とはいえない．恒真性の定義より，$A$ は恒真ではない．

**解説**　解答から，論理式 $A$ が恒真でないことを示すには，$A^{\mathcal{A},v} = 0$ となる構造 $\mathcal{A}$ と付値 $v$ を見つけてもよいことがわかる．

## 確認問題 3.23　充足可能性の判定 ▶p.99

**解答**　(1) 論理式 $\exists x\, P(x) \land \neg \forall x\, P(x)$ は充足可能である．なぜなら，この論理式が真となる構造が存在するからである．たとえば，対象領域を集合 $\{0, 1\}$ とし，$P$ を「0 である」という述語と解釈すれば，$x$ が 0 のときに $P(x)$ が真となるので，$\exists x\, P(x)$ が真となり，$x$ が 1 のときに $P(x)$ が偽となるので，$\forall x\, P(x)$ が偽，つまり $\neg \forall x\, P(x)$ が真となる．

(2) 論理式 $\forall x\, P(x) \land \neg \exists x\, P(x)$ は充足不能である．なぜなら，この論理式の否定が自然演繹で証明可能だからである．証明図を以下に示す．

$$
\dfrac{\dfrac{\dfrac{\dfrac{\overset{1}{\forall x\, P(x)\ \wedge\ \neg\,\exists x\, P(x)}}{\forall x\, P(x)}\ \wedge\mathrm{E}_1}{P(a)}\ \forall\mathrm{E}}{\exists x\, P(x)}\ \exists\mathrm{I} \qquad \dfrac{\overset{1}{\forall x\, P(x)\ \wedge\ \neg\,\exists x\, P(x)}}{\neg\,\exists x\, P(x)}\ \wedge\mathrm{E}_2}{\dfrac{\bot}{\neg\,(\forall x\, P(x)\ \wedge\ \neg\,\exists x\, P(x))}\ \Rightarrow\mathrm{I}\ 1}\ \Rightarrow\mathrm{E}
$$

**解説**　(1) $\exists x\, P(x) \wedge \neg\forall x\, P(x)$ が真となるには，$\exists x\, P(x)$ と $\neg\forall x\, P(x)$ がともに真であればよい．そこで，$P(x)$ が真となる $x$ は存在するが，すべての $x$ については真とならないように，$P$ の解釈を選べばよい．1.4 節で学んだ述語と集合の対応を使うと，これは $P^I(x)$ の真理集合が空でなく，対象領域全体とも一致しないように，述語としての解釈 $P^I$ を選ぶ問題であるともいえる．

(2) 仮に $\forall x\, P(x) \wedge \neg\,\exists x\, P(x)$ が充足可能だと考えると，$\forall x\, P(x)$ と $\neg\,\exists x\, P(x)$ がともに真となる構造があるはずである．これは，$P(x)$ がどの $x$ についても真で，しかも $P(x)$ が真となる $x$ がないように $P$ の解釈を選べるということだが，これは不可能である．

# 演習問題の解答

## 演習問題 1.1　論理同値性の判定　▶p.39

(1) 論理同値. (2) 論理同値. (3) 論理同値. (4) 論理同値ではない. (5) 論理同値ではない. (6) 論理同値. (7) 論理同値. (8) 論理同値ではない.

真理表を以下に示す.

| $A$ | $B$ | $A \Rightarrow B$ | $\neg A \vee B$ | $\neg(A \wedge \neg B)$ | $\neg B \Rightarrow \neg A$ | $B \Rightarrow A$ |
|---|---|---|---|---|---|---|
| 0 | 0 | 1 | 1 | 1 | 1 | 1 |
| 0 | 1 | 1 | 1 | 1 | 1 | 0 |
| 1 | 0 | 0 | 0 | 0 | 0 | 1 |
| 1 | 1 | 1 | 1 | 1 | 1 | 1 |

| $A$ | $B$ | $C$ | $A \Rightarrow (B \Rightarrow C)$ | $(A \Rightarrow B) \Rightarrow C$ | $A \wedge B \Rightarrow C$ |
|---|---|---|---|---|---|
| 0 | 0 | 0 | 1 | 0 | 1 |
| 0 | 0 | 1 | 1 | 1 | 1 |
| 0 | 1 | 0 | 1 | 0 | 1 |
| 0 | 1 | 1 | 1 | 1 | 1 |
| 1 | 0 | 0 | 1 | 1 | 1 |
| 1 | 0 | 1 | 1 | 1 | 1 |
| 1 | 1 | 0 | 0 | 0 | 0 |
| 1 | 1 | 1 | 1 | 1 | 1 |

| $A$ | $B$ | $A \Leftrightarrow B$ | $\neg A \Leftrightarrow \neg B$ | $(A \Rightarrow B) \vee (B \Rightarrow A)$ |
|---|---|---|---|---|
| 0 | 0 | 1 | 1 | 1 |
| 0 | 1 | 0 | 0 | 1 |
| 1 | 0 | 0 | 0 | 1 |
| 1 | 1 | 1 | 1 | 1 |

## 演習問題 1.2　恒真性の判定　▶p.39

(1) 恒真ではない. (2) 恒真. (3) 恒真. (4) 恒真ではない. (5) 恒真. (6) 恒真ではない. (7) 恒真. (8) 恒真.

真理表を以下に示す.

| $A$ | $A \wedge \neg A$ | $A \vee \neg A$ |
|---|---|---|
| 0 | 0 | 1 |
| 1 | 0 | 1 |

| $A$ | $B$ | $A \wedge B \Rightarrow A \vee B$ | $A \vee B \Rightarrow A \wedge B$ | $A \wedge \neg A \Rightarrow B$ | $A \vee \neg A \Rightarrow B$ |
|---|---|---|---|---|---|
| 0 | 0 | 1 | 1 | 1 | 0 |
| 0 | 1 | 1 | 0 | 1 | 1 |
| 1 | 0 | 1 | 0 | 1 | 0 |
| 1 | 1 | 1 | 1 | 1 | 1 |

| $A$ | $B$ | $C$ | $(A \wedge B) \wedge C \Rightarrow A \wedge (B \wedge C)$ | $(A \vee B) \vee C \Rightarrow A \vee (B \vee C)$ |
|---|---|---|---|---|
| 0 | 0 | 0 | 1 | 1 |
| 0 | 0 | 1 | 1 | 1 |
| 0 | 1 | 0 | 1 | 1 |
| 0 | 1 | 1 | 1 | 1 |
| 1 | 0 | 0 | 1 | 1 |
| 1 | 0 | 1 | 1 | 1 |
| 1 | 1 | 0 | 1 | 1 |
| 1 | 1 | 1 | 1 | 1 |

### 演習問題 1.3　主張の論理式による表現　▶p.39

(1) $0 \leq x \ \wedge\ x < 10$

(2) $xy = 0 \ \Rightarrow\ x = 0 \ \vee\ y = 0$

(3) $x > 0 \ \wedge\ \exists k\ x = 2k + 1$

(4) $\neg\ \exists x\ x^2 + 4x + 4 \leq 3$

(5) $\exists i\ \exists j\ x^3 = i^3 + j^3$

(6) $\exists i\ \exists j\ (i \neq j \ \wedge\ i \,|\, x \ \wedge\ j \,|\, y)$．ただし，$x$ が $y$ の約数であることを $x \,|\, y$ と表し，$x \,|\, y \ \Leftrightarrow\ \exists k\ y = kx$ と定義する．

(7) $\exists x\ \forall y\ (y > 0 \ \Rightarrow\ x \,|\, y)$

(8) $x \,|\, y \ \wedge\ x \,|\, z \ \wedge\ \forall x'\ (x' \,|\, y \ \wedge\ x' \,|\, z \ \Rightarrow\ x' \leq x)$

(9) $\neg\ \exists x\ (2 \,|\, x \ \wedge\ \forall y\ (2 \,|\, y \ \Rightarrow\ y \leq x))$

### 演習問題 1.4　関数と述語を使った命題の真偽　▶p.40

(1)

| $x$ ＼ $y$ | 0 | 1 | 2 |
|---|---|---|---|
| 0 | 0 | 0 | 1 |
| 1 | 1 | 0 | 0 |
| 2 | 0 | 1 | 0 |

(2) (a) 偽，(b) 真，(c) 偽，(d) 真．

(3) $\forall y\ \exists x\ R(x, y)$

### 演習問題 1.5　反復補題の対偶　▶p.40

(1) $\forall m \in \mathbb{N}\ \exists z \in L\ \Big(|z| \geq m \ \wedge\ \forall u, v, w \in \Sigma^*\ (z = uvw \ \wedge\ |uv| \leq m \ \wedge\ v \neq \varepsilon \ \Rightarrow\ \exists n \in \mathbb{N}\ uv^n w \notin L)\Big) \ \Rightarrow\ \neg\ L$ : 正則

(2) 任意の非負整数 $m$ について，次の性質を満たす長さ $m$ 以上の $z$ が $L$ 中に存在すること：任意の語 $u, v, w$ について，$z = uvw$ かつ $|uv| \leq m$ かつ $v \neq \varepsilon$ ならば，適当な非負整数 $n$ を選ぶと $uv^n w \notin L$ となる．

### 演習問題 2.1　奇数と平方　▶p.55

(1) **証明**　$x$ を任意の整数とする．$x$ が奇数であると仮定すると，奇数の定義より $x = 2y + 1$ を満たす整数 $y$ がある．このとき，$x^2 = (2y + 1)^2 = 4y^2 + 4y + 1 = 2(2y^2 + 2y) + 1$ である．$z = 2y^2 + 2y$ とおけば，$x^2 = 2z + 1$ が成り立つ．$z$ は整数だから，奇数の定義より，$x^2$ は奇数である．□

(2)「$x$ は奇数である」という述語 $\mathrm{Odd}(x)$ を $\exists y\, x = 2y + 1$ で定義すると，命題は $\forall x\, (\mathrm{Odd}(x) \Rightarrow \mathrm{Odd}(x^2))$ で表せる．これは全称命題なので，任意の整数を表す変数を使った．さらに，含意を直接証明で示すため，前提を仮定して結論を導いた．また，「$x^2$ が奇数である」つまり $\mathrm{Odd}(x^2)$ は存在命題なので，$x^2$ が $2z + 1$ の形で表せる $z$ の例を，$y$ を使った式として与えた．

### 演習問題 2.2　偶数と平方　▶p.55

(1) $\forall x\, (\mathrm{Even}(5x) \;\Rightarrow\; \mathrm{Even}(x^2))$

(2) 命題は真である．**証明**　$x$ を任意の整数として，(a) $5x$ が偶数ならば $x$ は偶数，(b) $x$ が偶数ならば $x^2$ は偶数，の二つの含意を示せばよい．まず，(a) を間接証明により示すため，$5x$ が偶数であり $x$ が奇数であると仮定し，矛盾を導く．$x$ が奇数だから，$x = 2k + 1$ を満たす整数 $k$ がある．このとき，$5x = 5(2k + 1) = 2(5k + 2) + 1$ であり，$5k + 2$ は整数だから，$5x$ も奇数である．これは $5x$ が偶数であるという仮定に矛盾する．次に，(b) を直接証明により示すため，$x$ が偶数であると仮定し，$x^2$ が偶数であることを導く．$x$ が偶数だから，$x = 2k$ を満たす整数 $k$ がある．このとき，$x^2 = (2k)^2 = 2(2k^2)$ であり，$2k^2$ は整数だから，$x^2$ も偶数である．□

### 演習問題 2.3　整数の性質の証明と反証　▶p.55

(1) 命題は真．**証明**　0 の平方は 0 自身と等しい（1 の平方も 1 自身である）．□

(2) 命題は偽．否定の論理式は $\exists x\; \neg\, x^2 > 0$．**反証**　0 の平方は正でない．□

(3) 命題は偽．否定の論理式は $\exists x\, (2\,|\,x \;\wedge\; \neg\, 4\,|\,x)$．**反証**　2 は偶数であるが，4 の倍数ではない．□

(4) 命題は偽．否定の論理式は $\forall x\, (\neg\; 2\,|\,x \;\vee\; 4\,|\,x^2)$，あるいはこれと論理同値な $\forall x\, (2\,|\,x \;\Rightarrow\; 4\,|\,x^2)$．**反証**　$x$ が偶数で，$x^2$ が 4 で割り切れないと仮定し，矛盾を導く．$x$ は偶数だから，$x = 2i$ を満たす整数 $i$ がある．$x^2 = (2i)^2 = 4i^2$ であり，$i^2$ は整数だから，$x^2$ は 4 で割り切れ，仮定に矛盾する．□

### 演習問題 2.4　等号否定　▶p.56

論理式による表現は $x \neq y \;\Rightarrow\; \forall z\, (z \neq x \;\vee\; z \neq y)$．**証明**　背理法による証明のため，$x \neq y$ を仮定し，さらに $z = x$ と $z = y$ を同時に満たす $z$ があると仮定して矛盾

を導く．二つ目の仮定の $z = x$ と $z = y$ から $x = y$ が導かれる．これは，一つ目の仮定 $x \neq y$ と矛盾する．□

### 演習問題 2.5　全射と単射　▶p.56

(1) $\forall y \in T \ \exists x \in S \ f(x) = y$

(2) $\exists x_1, x_2 \in S \ (f(x_1) = f(x_2) \ \wedge \ x_1 \neq x_2)$

(3) **証明**　$f$ が単射でないことを示すため，$f(x_1)=f(x_2)$ と $x_1 \neq x_2$ を同時に満たす実数 $x_1$ と $x_2$ を見つける．$0, 1$ は実数であり，$f(0)=0=f(1)$ かつ $0 \neq 1$ だから，$f(x_1)=f(x_2)$ かつ $x_1 \neq x_2$ を満たす実数 $x_1, x_2$ がある．よって，$f$ は単射ではない．□

### 演習問題 2.6　2 項関係の性質　▶p.56

**証明**　背理法による証明のため，$x \preceq y$ と $y \prec x$ が成り立つと仮定して矛盾を導く．仮定 $y \prec x$ と関係 $\prec$ の定義より，$y \preceq x$，かつ，$x \preceq y$ ではない．$x \preceq y$ ではないことは，仮定 $x \preceq y$ に矛盾する．□

### 演習問題 2.7　集合演算の性質　▶p.56

論理式の同値変形によっても証明できるが，ここでは双方向の含意により証明する．

**証明**　($\Rightarrow$) $S \subseteq T$ を仮定する．$S \cap T = S$ を示すため，$S \cap T \subseteq S$ と $S \cap T \supseteq S$ を証明する．($\subseteq$) $x \in S \cap T$ のとき，共通部分の定義から $x \in S$ かつ $x \in T$．よって $x \in S$．($\supseteq$) $x \in S$ のとき，$S \subseteq T$ より $x \in T$ も成り立つ．共通部分の定義から $x \in S \cap T$．($\Leftarrow$) $S \cap T = S$ を仮定して $S \subseteq T$ を示す．$x \in S$ を仮定すると，$S \cap T = S$ より $x \in S \cap T$．共通部分の定義から $x \in S$ かつ $x \in T$．よって $x \in T$．□

### 演習問題 2.8　同値変形による集合の性質の証明　▶p.56

**証明**

$$
\begin{array}{lll}
 & S = T & \\
\Leftrightarrow & \forall x\,(x \in S \Leftrightarrow x \in T) & (\text{集合の相等} = \text{の定義}) \\
\Leftrightarrow & \forall x\,((x \in S \Rightarrow x \in T) \wedge (x \in T \Rightarrow x \in S)) & (\Leftrightarrow \text{ の } \Rightarrow \text{ と } \wedge \text{ による表現}) \\
\Leftrightarrow & \forall x\,(x \in S \Rightarrow x \in T) \wedge \forall x\,(x \in T \Rightarrow x \in S) & (\forall \text{ の } \wedge \text{ に対する分配}) \\
\Leftrightarrow & S \subseteq T \wedge T \subseteq S & (\text{集合の包含} \subseteq \text{の定義})
\end{array}
$$

### 演習問題 3.1　命題論理の自然演繹　▶p.99

(1)

$$
\dfrac{\dfrac{\dfrac{\overset{1}{P \wedge Q}}{Q}\,\wedge\mathrm{E}_2 \qquad \dfrac{\overset{1}{P \wedge Q}}{P}\,\wedge\mathrm{E}_1}{Q \wedge P}\,\wedge\mathrm{I}}{P \wedge Q \ \Rightarrow \ Q \wedge P}\,\Rightarrow\mathrm{I}\ 1
$$

(2)

$$
\dfrac{\dfrac{\overset{1}{P \vee P} \quad \overset{2}{P} \quad \overset{3}{P}}{P}\,\vee\mathrm{E}\ 2,3}{P \vee P \ \Rightarrow \ P}\,\Rightarrow\mathrm{I}\ 1
$$

(3)

$$\dfrac{\dfrac{\overset{1}{P \lor (Q \lor R)} \quad \dfrac{\dfrac{\overset{2}{P}}{P \lor Q}\,\lor\mathrm{I}_1}{(P \lor Q) \lor R}\,\lor\mathrm{I}_1 \quad \dfrac{\overset{3}{Q \lor R} \quad \dfrac{\dfrac{\overset{4}{Q}}{P \lor Q}\,\lor\mathrm{I}_2}{(P \lor Q) \lor R}\,\lor\mathrm{I}_1 \quad \dfrac{\overset{5}{R}}{(P \lor Q) \lor R}\,\lor\mathrm{I}_2}{(P \lor Q) \lor R}\,\lor\mathrm{E}\ 4,5}{(P \lor Q) \lor R}\,\lor\mathrm{E}\ 2,3}{P \lor (Q \lor R) \ \Rightarrow\ (P \lor Q) \lor R}\,\Rightarrow\mathrm{I}\ 1$$

(4)

$$\dfrac{\dfrac{\overset{1}{P \lor (P \land Q)} \quad \overset{2}{P} \quad \dfrac{\overset{3}{P \land Q}}{P}\,\land\mathrm{E}_1}{P}\,\lor\mathrm{E}\ 2,3}{P \lor (P \land Q) \ \Rightarrow\ P}\,\Rightarrow\mathrm{I}\ 1$$

(5)

$$\dfrac{\dfrac{\dfrac{\overset{1}{P \land (Q \lor R)}}{Q \lor R}\,\land\mathrm{E}_2 \quad \dfrac{\dfrac{\dfrac{\overset{1}{P \land (Q \lor R)}}{P}\,\land\mathrm{E}_1 \quad \overset{2}{Q}}{P \land Q}\,\land\mathrm{I}}{(P \land Q) \lor (P \land R)}\,\lor\mathrm{I}_1 \quad \dfrac{\dfrac{\dfrac{\overset{1}{P \land (Q \lor R)}}{P}\,\land\mathrm{E}_1 \quad \overset{3}{R}}{P \land R}\,\land\mathrm{I}}{(P \land Q) \lor (P \land R)}\,\lor\mathrm{I}_2}{(P \land Q) \lor (P \land R)}\,\lor\mathrm{E}\ 2,3}{P \land (Q \lor R) \ \Rightarrow\ (P \land Q) \lor (P \land R)}\,\Rightarrow\mathrm{I}\ 1$$

(6)

$$\dfrac{\dfrac{\dfrac{\overset{1}{P} \quad \overset{2}{\neg P}}{\bot}\,\Rightarrow\mathrm{E}}{\neg\neg P}\,\Rightarrow\mathrm{I}\ 2}{P \ \Rightarrow\ \neg\neg P}\,\Rightarrow\mathrm{I}\ 1$$

(7)

$$\dfrac{\dfrac{\dfrac{\dfrac{\dfrac{\overset{2}{P}}{P \lor Q}\,\lor\mathrm{I}_1 \quad \overset{1}{\neg (P \lor Q)}}{\bot}\,\Rightarrow\mathrm{E}}{\neg P}\,\Rightarrow\mathrm{I}\ 2 \quad \dfrac{\dfrac{\dfrac{\overset{3}{Q}}{P \lor Q}\,\lor\mathrm{I}_2 \quad \overset{1}{\neg (P \lor Q)}}{\bot}\,\Rightarrow\mathrm{E}}{\neg Q}\,\Rightarrow\mathrm{I}\ 3}{\neg P \land \neg Q}\,\land\mathrm{I}}{\neg (P \lor Q) \ \Rightarrow\ \neg P \land \neg Q}\,\Rightarrow\mathrm{I}\ 1$$

(8)

$$\dfrac{\dfrac{\dfrac{\overset{1}{(P \lor Q) \land \neg P}}{P \lor Q}\,\land\mathrm{E}_1 \quad \dfrac{\dfrac{\overset{2}{P} \quad \dfrac{\overset{1}{(P \lor Q) \land \neg P}}{\neg P}\,\land\mathrm{E}_2}{\bot}\,\Rightarrow\mathrm{E}}{Q}\,\bot \quad \overset{3}{Q}}{Q}\,\lor\mathrm{E}\ 2,3}{(P \lor Q) \land \neg P \ \Rightarrow\ Q}\,\Rightarrow\mathrm{I}\ 1$$

## 演習問題 3.2　述語論理の自然演繹 ▶p.99

(1)

$$\dfrac{\dfrac{\overset{1}{\exists x\, P} \quad \overset{2}{P}}{P}\ \exists\mathrm{E}\ 2}{\exists x\, P \ \Rightarrow\ P}\ \Rightarrow\mathrm{I}\ 1$$

(2)

$$\dfrac{\dfrac{\dfrac{\overset{1}{\forall x\, P(x)}}{P(a)}\ \forall\mathrm{E}}{\forall y\, P(y)}\ \forall\mathrm{I}}{\forall x\, P(x)\ \Rightarrow\ \forall y\, P(y)}\ \Rightarrow\mathrm{I}\ 1$$

(3)

$$\dfrac{\dfrac{\dfrac{\dfrac{\overset{1}{P \wedge \forall x\, Q(x)}}{P}\ \wedge\mathrm{E}_1 \qquad \dfrac{\dfrac{\overset{1}{P \wedge \forall x\, Q(x)}}{\forall x\, Q(x)}\ \wedge\mathrm{E}_2}{Q(a)}\ \forall\mathrm{E}}{P \wedge Q(a)}\ \wedge\mathrm{I}}{\forall x\,\big(P \wedge Q(x)\big)}\ \forall\mathrm{I}}{P \wedge \forall x\, Q(x)\ \Rightarrow\ \forall x\,\big(P \wedge Q(x)\big)}\ \Rightarrow\mathrm{I}\ 1$$

(4)

$$\dfrac{\dfrac{\overset{1}{\exists x P(x) \vee \exists x Q(x)} \qquad \dfrac{\overset{2}{\exists x P(x)} \quad \dfrac{\dfrac{\overset{4}{P(a)}}{P(a) \vee Q(a)}\ \vee\mathrm{I}_1}{\exists x\big(P(x) \vee Q(x)\big)}\ \exists\mathrm{I}}{\exists x\big(P(x) \vee Q(x)\big)}\ \exists\mathrm{E}\ 4 \qquad \dfrac{\overset{3}{\exists x Q(x)} \quad \dfrac{\dfrac{\overset{5}{Q(b)}}{P(b) \vee Q(b)}\ \vee\mathrm{I}_2}{\exists x\big(P(x) \vee Q(x)\big)}\ \exists\mathrm{I}}{\exists x\big(P(x) \vee Q(x)\big)}\ \exists\mathrm{E}\ 5}{\exists x\big(P(x) \vee Q(x)\big)}\ \vee\mathrm{E}\ 2{,}3}{\exists x P(x) \vee \exists x Q(x) \Rightarrow \exists x\big(P(x) \vee Q(x)\big)}\ \Rightarrow\mathrm{I}\ 1$$

(5)

$$\dfrac{\dfrac{\dfrac{\overset{1}{\forall x\, P(x) \vee \forall x\, Q(x)} \qquad \dfrac{\dfrac{\overset{2}{\forall x\, P(x)}}{P(a)}\ \forall\mathrm{E}}{P(a) \vee Q(a)}\ \vee\mathrm{I}_1 \qquad \dfrac{\dfrac{\overset{3}{\forall x\, Q(x)}}{Q(a)}\ \forall\mathrm{E}}{P(a) \vee Q(a)}\ \vee\mathrm{I}_2}{P(a) \vee Q(a)}\ \vee\mathrm{E}\ 2, 3}{\forall x\,\big(P(x) \vee Q(x)\big)}\ \forall\mathrm{I}}{\forall x\, P(x) \vee \forall x\, Q(x)\ \Rightarrow\ \forall x\,\big(P(x) \vee Q(x)\big)}\ \Rightarrow\mathrm{I}\ 1$$

(6)

$$\dfrac{\dfrac{\dfrac{\dfrac{\dfrac{\overset{1}{\forall x\, \forall y\, R(x,y)}}{\forall y\, R(a,y)}\ \forall\mathrm{E}}{R(a,b)}\ \forall\mathrm{E}}{\forall x\, R(x,b)}\ \forall\mathrm{I}}{\forall y\, \forall x\, R(x,y)}\ \forall\mathrm{I}}{\forall x\, \forall y\, R(x,y)\ \Rightarrow\ \forall y\, \forall x\, R(x,y)}\ \Rightarrow\mathrm{I}\ 1$$

(7)

$$\dfrac{\dfrac{\dfrac{\overset{2}{\exists x\, P(x)} \qquad \dfrac{\overset{3}{P(a)} \qquad \dfrac{\overset{1}{\forall x\, \neg P(x)}}{\neg P(a)}\ \forall\mathrm{E}}{\bot}\ \Rightarrow\mathrm{E}}{\bot}\ \exists\mathrm{E}\ 3}{\neg \exists x\, P(x)}\ \Rightarrow\mathrm{I}\ 2}{\forall x\, \neg P(x)\ \Rightarrow\ \neg \exists x\, P(x)}\ \Rightarrow\mathrm{I}\ 1$$

(8)

$$\dfrac{\dfrac{\dfrac{\overset{2}{\exists x\, P(x)} \qquad \dfrac{\dfrac{\overset{3}{P(a)} \qquad \dfrac{\overset{1}{\forall x\, \big(P(x) \Rightarrow Q(x)\big)}}{P(a) \Rightarrow Q(a)}\ \forall\mathrm{E}}{Q(a)}\ \Rightarrow\mathrm{E}}{\exists x\, Q(x)}\ \exists\mathrm{I}}{\exists x\, Q(x)}\ \exists\mathrm{E}\ 3}{\exists x\, P(x) \Rightarrow \exists x\, Q(x)}\ \Rightarrow\mathrm{I}\ 2}{\forall x\, \big(P(x) \Rightarrow Q(x)\big)\ \Rightarrow\ \big(\exists x\, P(x) \Rightarrow \exists x\, Q(x)\big)}\ \Rightarrow\mathrm{I}\ 1$$

## 演習問題 3.3 背理法を使う自然演繹 ▶p.100

(1)

$$\dfrac{\dfrac{\dfrac{\dfrac{\dfrac{\overset{3}{\neg P} \qquad \overset{1}{\neg P \Rightarrow Q}}{Q}\ \Rightarrow\mathrm{E} \qquad \overset{2}{\neg Q}}{\bot}\ \Rightarrow\mathrm{E}}{P}\ \bot_{\mathrm{c}}\ 3}{\neg Q \Rightarrow P}\ \Rightarrow\mathrm{I}\ 2}{(\neg P \Rightarrow Q)\ \Rightarrow\ (\neg Q \Rightarrow P)}\ \Rightarrow\mathrm{I}\ 1$$

(2)

$$\dfrac{\dfrac{\dfrac{\dfrac{\dfrac{\dfrac{\dfrac{\overset{3}{P}\quad \overset{2}{\neg P}}{\bot}\,\Rightarrow\mathrm{E}}{Q}\,\bot}{P\Rightarrow Q}\,\Rightarrow\mathrm{I}\ 3 \qquad \overset{1}{\neg(P\Rightarrow Q)}}{\bot}\,\Rightarrow\mathrm{E}}{P}\,\bot_{\mathrm{c}}\ 2 \qquad \dfrac{\dfrac{\dfrac{\overset{4}{Q}}{P\Rightarrow Q}\,\Rightarrow\mathrm{I} \qquad \overset{1}{\neg(P\Rightarrow Q)}}{\bot}\,\Rightarrow\mathrm{E}}{\neg Q}\,\Rightarrow\mathrm{I}\ 4}{P\wedge\neg Q}\,\wedge\mathrm{I}}{\neg(P\Rightarrow Q)\ \Rightarrow\ P\wedge\neg Q}\,\Rightarrow\mathrm{I}\ 1$$

(3)

$$\dfrac{\dfrac{\dfrac{\dfrac{\dfrac{\dfrac{\dfrac{\overset{3}{P}\quad \overset{1}{P\ \Rightarrow\ Q\vee R}}{Q\vee R}\,\Rightarrow\mathrm{E} \qquad \dfrac{\dfrac{\overset{4}{Q}\quad \dfrac{\dfrac{\dfrac{\dfrac{\overset{6}{Q}}{P\Rightarrow Q}\,\Rightarrow\mathrm{I}}{(P\Rightarrow Q)\vee(P\Rightarrow R)}\,\vee\mathrm{I}_1 \qquad \overset{2}{\neg((P\Rightarrow Q)\vee(P\Rightarrow R))}}{\bot}\,\Rightarrow\mathrm{E}}{\neg Q}\,\Rightarrow\mathrm{I}\ 6}{\bot}\,\Rightarrow\mathrm{E}}{R}\,\bot \qquad \overset{5}{R}}{R}\,\vee\mathrm{E}\ 4,5}{P\Rightarrow R}\,\Rightarrow\mathrm{I}\ 3}{(P\Rightarrow Q)\vee(P\Rightarrow R)}\,\vee\mathrm{I}_2 \qquad \overset{2}{\neg((P\Rightarrow Q)\vee(P\Rightarrow R))}}{\bot}\,\Rightarrow\mathrm{E}}{(P\Rightarrow Q)\vee(P\Rightarrow R)}\,\bot_{\mathrm{c}}\ 2}{(P\ \Rightarrow\ Q\vee R)\ \Rightarrow\ (P\Rightarrow Q)\vee(P\Rightarrow R)}\,\Rightarrow\mathrm{I}\ 1$$

(4)

$$\dfrac{\dfrac{\dfrac{\dfrac{\dfrac{\overset{2}{\neg P(a)}}{\exists x\,\neg P(x)}\,\exists\mathrm{I} \qquad \overset{1}{\neg\exists x\,\neg P(x)}}{\bot}\,\Rightarrow\mathrm{E}}{P(a)}\,\bot_{\mathrm{c}}\ 2}{\forall x\,P(x)}\,\forall\mathrm{I}}{\neg\exists x\,\neg P(x)\ \Rightarrow\ \forall x\,P(x)}\,\Rightarrow\mathrm{I}\ 1$$

(5)

$$\dfrac{\dfrac{\dfrac{\dfrac{\dfrac{\dfrac{\begin{array}{c}\overset{2}{\neg\exists\big(P(x)\Rightarrow Q\big)}\\ \mathcal{D}_2\\ \neg\exists x\,\neg P(x)\\ \mathcal{D}_1\\ \forall x\,P(x)\end{array} \qquad \overset{1}{\forall x\,P(x)\Rightarrow Q}}{Q}\,\Rightarrow\mathrm{E}}{P(a)\Rightarrow Q}\,\Rightarrow\mathrm{I}}{\exists x\,\big(P(x)\Rightarrow Q\big)}\,\exists\mathrm{I} \qquad \overset{2}{\neg\exists x\,\big(P(x)\Rightarrow Q\big)}}{\bot}\,\Rightarrow\mathrm{E}}{\exists x\,\big(P(x)\Rightarrow Q\big)}\,\bot_{\mathrm{c}}\ 2}{\big(\forall x\,P(x)\Rightarrow Q\big)\ \Rightarrow\ \exists x\,\big(P(x)\Rightarrow Q\big)}\,\Rightarrow\mathrm{I}\ 1$$

ここで，$\mathcal{D}_1$ と略した部分は $\neg\exists x\neg P(x)$ からの $\forall P(x)$ の導出である．(4) を参照．$\mathcal{D}_2$ と略した部分の導出を以下に示す．

$$\dfrac{\dfrac{\dfrac{\overset{3}{\exists x\neg P(x)} \quad \dfrac{\dfrac{\dfrac{\dfrac{\overset{5}{P(b)}\quad\overset{4}{\neg P(b)}}{\bot}\,{\Rightarrow}\mathrm{E}}{Q}\,\bot}{P(b)\Rightarrow Q}\,{\Rightarrow}\mathrm{I}\ 5}{\exists x\bigl(P(x)\Rightarrow Q\bigr)}\,\exists\mathrm{I}}{\exists x\bigl(P(x)\Rightarrow Q\bigr)}\,\exists\mathrm{E}\ 4 \quad \overset{2}{\neg\exists x\bigl(P(x)\Rightarrow Q\bigr)}}{\bot}\,{\Rightarrow}\mathrm{E}}{\neg\exists x\neg P(x)}\,{\Rightarrow}\mathrm{I}\ 3$$

(6)

$$\dfrac{\dfrac{\dfrac{\dfrac{\dfrac{\begin{array}{c}\overset{2}{\neg\exists x\bigl(P(x)\Rightarrow Q(x)\bigr)}\\ \mathcal{D}_2\\ \neg\exists x\neg P(x)\\ \mathcal{D}_1\\ \forall xP(x)\end{array}\quad \overset{1}{\forall xP(x)\Rightarrow\exists xQ(x)}}{\exists xQ(x)}\,{\Rightarrow}\mathrm{E}\quad \dfrac{\dfrac{\overset{3}{Q(a)}}{P(a)\Rightarrow Q(a)}\,{\Rightarrow}\mathrm{I}}{\exists x\bigl(P(x)\Rightarrow Q(x)\bigr)}\,\exists\mathrm{I}}{\exists x\bigl(P(x)\Rightarrow Q(x)\bigr)}\,\exists\mathrm{E}\ 3\quad \overset{2}{\neg\exists x\bigl(P(x)\Rightarrow Q(x)\bigr)}}{\bot}\,{\Rightarrow}\mathrm{E}}{\exists x\bigl(P(x)\Rightarrow Q(x)\bigr)}\,\bot_{\mathrm{c}}\ 2}{\bigl(\forall xP(x)\Rightarrow\exists xQ(x)\bigr)\Rightarrow\exists x\bigl(P(x)\Rightarrow Q(x)\bigr)}\,{\Rightarrow}\mathrm{I}\ 1$$

ここで，$\mathcal{D}_1$ と略した部分は (4) を参照．$\mathcal{D}_2$ と略した部分の導出を以下に示す．

$$\dfrac{\dfrac{\dfrac{\overset{4}{\exists x\neg P(x)} \quad \dfrac{\dfrac{\dfrac{\dfrac{\overset{6}{P(b)}\quad\overset{5}{\neg P(b)}}{\bot}\,{\Rightarrow}\mathrm{E}}{Q(b)}\,\bot}{P(b)\Rightarrow Q(b)}\,{\Rightarrow}\mathrm{I}\ 6}{\exists x\bigl(P(x)\Rightarrow Q(x)\bigr)}\,\exists\mathrm{I}}{\exists x\bigl(P(x)\Rightarrow Q(x)\bigr)}\,\exists\mathrm{E}\ 5 \quad \overset{2}{\neg\exists x\bigl(P(x)\Rightarrow Q(x)\bigr)}}{\bot}\,{\Rightarrow}\mathrm{E}}{\neg\exists x\neg P(x)}\,{\Rightarrow}\mathrm{I}\ 4$$

## 演習問題 3.4　命題論理の恒真性　▶p.100

(1) $P$ と $Q$ の真偽のすべての組み合わせについて，論理式が真となることを示す．

(2) 自然演繹による論理式 $(P\vee\neg Q)\wedge(\neg P\Rightarrow Q)\Rightarrow P$ の証明図を作れるので，この論理式は恒真である．証明図を以下に示す．

$$
\dfrac{\dfrac{\dfrac{\dfrac{\overset{1}{(P \vee \neg Q) \wedge (\neg P \Rightarrow Q)}}{P \vee \neg Q}\wedge\mathrm{E}_1 \quad \overset{2}{P} \quad \dfrac{\dfrac{\dfrac{\overset{4}{\neg P} \quad \dfrac{\overset{1}{(P \vee \neg Q) \wedge (\neg P \Rightarrow Q)}}{\neg P \Rightarrow Q}\wedge\mathrm{E}_2}{Q}\Rightarrow\mathrm{E} \quad \overset{3}{\neg Q}}{\bot}\Rightarrow\mathrm{E}}{P}\bot_{\mathrm{c}}\ 4}{P}\vee\mathrm{E}\ 2,3}{}}{(P \vee \neg Q) \wedge (\neg P \Rightarrow Q) \Rightarrow P}\Rightarrow\mathrm{I}\ 1
$$

## 演習問題 3.5　命題論理の恒真性の判定 ▶p.100

(1) 命題 $((P \Rightarrow Q) \vee (R \Rightarrow S)) \;\Rightarrow\; (P \wedge R \;\Rightarrow\; Q \wedge S)$ は恒真ではない．たとえば，$P, Q, R$ が真で $S$ が偽のとき，この命題は偽となる．

(2) 命題 $((P \Rightarrow Q) \wedge (R \Rightarrow S)) \;\Rightarrow\; (P \vee R \;\Rightarrow\; Q \vee S)$ は恒真．自然演繹による証明は，以下のとおり．

$$
\dfrac{\dfrac{\dfrac{\overset{2}{P \vee R} \quad \dfrac{\dfrac{\overset{3}{P} \quad \dfrac{\overset{1}{(P \Rightarrow Q) \wedge (R \Rightarrow S)}}{P \Rightarrow Q}\wedge\mathrm{E}_1}{Q}\Rightarrow\mathrm{E}}{Q \vee S}\vee\mathrm{I}_1 \quad \dfrac{\dfrac{\overset{4}{R} \quad \dfrac{\overset{1}{(P \Rightarrow Q) \wedge (R \Rightarrow S)}}{R \Rightarrow S}\wedge\mathrm{E}_2}{S}\Rightarrow\mathrm{E}}{Q \vee S}\vee\mathrm{I}_2}{Q \vee S}\vee\mathrm{E}\ 3,4}{P \vee R \;\Rightarrow\; Q \vee S}\Rightarrow\mathrm{I}\ 2}{((P \Rightarrow Q) \wedge (R \Rightarrow S)) \;\Rightarrow\; (P \vee R \;\Rightarrow\; Q \vee S)}\Rightarrow\mathrm{I}\ 1
$$

## 演習問題 3.6　述語論理の恒真性 ▶p.100

(1) 論理式 $\exists x\, P(f(x)) \;\Rightarrow\; \neg\, \forall x\, \neg P(x)$ は恒真．自然演繹による証明は，以下のとおり．

$$
\dfrac{\dfrac{\dfrac{\overset{1}{\exists x\, P(f(x))} \quad \dfrac{\overset{3}{P(f(a))} \quad \dfrac{\overset{2}{\forall x\, \neg P(x)}}{\neg P(f(a))}\forall\mathrm{E}}{\bot}\Rightarrow\mathrm{E}}{\bot}\exists\mathrm{E}\ 3}{\neg\, \forall x\, \neg P(x)}\Rightarrow\mathrm{I}\ 2}{\exists x\, P(f(x)) \Rightarrow \neg\, \forall x\, \neg P(x)}\Rightarrow\mathrm{I}\ 1
$$

変数条件については，$\exists$E の二つの前提 $\exists x\, P(f(x))$ と $\bot$ に加えて，前提の右式で有効な仮定 2 にも，自由変数 $a$ が現れないことを確かめる．

(2) $P$ は「0 である」という述語と解釈すればよい．その理由を以下に述べる．含意 $\neg\, \forall x\, \neg P(x) \;\Rightarrow\; \exists x\, P(f(x))$ が偽であることを示すには，前提が真で結論が偽であることを示せばよい．$P$ を「0 である」と解釈すれば，$x$ が 0 のとき $P(x)$ は真，つまり $\neg P(x)$ は偽である．$\neg P(x)$ が偽である非負整数 $x$ があるので，前提 $\neg\, \forall x\, \neg P(x)$ は真である．一方，$f$ を「1 を足す」という関数と解釈するとき，どんな非負整数 $x$ に対しても $f(x)$ の値は 0 ではないので，結論 $\exists x\, P(f(x))$ は偽である．

## 演習問題 3.7　恒真性と充足可能性 ▶p.101

(1) 真理値が真となる真理表の行があることを確かめる．

(2) 論理式 (a) が恒真である．自然演繹による証明は，以下のとおり．

$$
\dfrac{\dfrac{\dfrac{\dfrac{\dfrac{\dfrac{\dfrac{\dfrac{\overset{3}{P}}{P\lor Q}\,\lor\mathrm{I}_1 \quad \overset{2}{\lnot(P\lor Q)}}{\bot}\,\Rightarrow\mathrm{E}}{\lnot P}\,\Rightarrow\mathrm{I}\ 3 \quad \overset{1}{\lnot P\Rightarrow Q}}{Q}\,\Rightarrow\mathrm{E}}{P\lor Q}\,\lor\mathrm{I}_2 \quad \overset{2}{\lnot(P\lor Q)}}{\bot}\,\Rightarrow\mathrm{E}}{P\lor Q}\,\bot_{\mathrm{c}}\ 2}{(\lnot P\Rightarrow Q)\ \Rightarrow\ P\lor Q}\,\Rightarrow\mathrm{I}\ 1
$$

(3) 論理式 (c) が充足不能である．その否定の自然演繹による証明は，以下のとおり．

$$
\dfrac{\dfrac{\dfrac{\overset{1}{\forall x\,\lnot S(x)\ \land\ \exists x\,S(f(x))}}{\exists x\,S(f(x))}\,\land\mathrm{E}_2 \quad \dfrac{\overset{2}{S(f(a))} \quad \dfrac{\dfrac{\overset{1}{\forall x\,\lnot S(x)\ \land\ \exists x\,S(f(x))}}{\forall x\,\lnot S(x)}\,\land\mathrm{E}_1}{\lnot S(f(a))}\,\forall\mathrm{E}}{\bot}\,\Rightarrow\mathrm{E}}{\bot}\,\exists\mathrm{E}\ 2}{\lnot\,(\forall x\,\lnot S(x)\ \land\ \exists x\,S(f(x)))}\,\Rightarrow\mathrm{I}\ 1
$$

変数条件については，∃E の二つの前提 $\exists x\, S(f(x))$ と $\bot$ に加えて，前提の右式で有効な仮定 1 にも，自由変数 $a$ が現れないことを確かめる．

(4) 論理式 (b) が恒真でなく充足可能である．その理由を以下に述べる．この論理式が偽となる解釈（$P$,$Q$,$R$ がすべて真など）があるので，恒真ではない．また，真となる解釈（$P$ が偽，$Q$ が真，$R$ が偽）があるので，充足可能である．

## 演習問題 3.8　論理式が偽になる構造 ▶p.101

(1) $R$ を「同じ整数である」という述語，$f$ を「2 乗する」という関数と解釈する．この解釈で論理式 $\forall y\,\exists x\, R(f(x), y)$ が偽になるのは，たとえば $y$ が $-1$ のとき，$x^2 = y$ を満たす整数 $x$ がないからである．

(2) $P$ を「平方が $-1$ である」という（常に偽の）述語，$Q$ を「偶数である」という述語，と解釈する．この解釈で論理式 $\forall x\,(P(x) \Rightarrow Q(x)) \Rightarrow \exists x\,(P(x) \land Q(x))$ が偽になる理由を以下に述べる．$P(x)$ が常に偽なので，$P(x) \Rightarrow Q(x)$ は常に真で，$P(x) \land Q(x)$ は常に偽である．したがって，含意の前提 $\forall x\,(P(x) \Rightarrow Q(x))$ は真であり，含意の結論 $\exists x\,(P(x) \land Q(x))$ は偽である．以上より，論理式全体が偽となる．

# 参考文献

[1] 斉藤正彦，『日本語から記号論理へ』，日本評論社，2010.

[2] 新井紀子，『数学は言葉』，東京図書，2009.

[3] Gary Chartrand, Albert D. Polimeni, and Ping Zhang, *Mathematical Proofs: A Transition to Advanced Mathematics*, fourth edition, Addison Wesley, 2017.（鈴木治郎 訳，『証明の楽しみ 基礎編――数学を使いこなす練習をしよう』，丸善出版，2014. 2012 年発行の原著第 3 版の翻訳.）

[4] George Pólya, *How to Solve It: A New Aspect of Mathematical Method*, reprint edition, Princeton University Press, 2014.（柿内賢信 訳，『いかにして問題をとくか』，丸善出版，1975. 1945 年発行の原著初版の翻訳.）

[5] 嘉田勝，『論理と集合から始める数学の基礎』，日本評論社，2008.

[6] 前原昭二，『記号論理入門』，日本評論社，1967（新装版は 2005）.

[7] 小野寛晰，『情報科学における論理』，日本評論社，1994.

[8] 鹿島亮，『数理論理学』，朝倉書店，2009.

[9] Dirk van Dalen, *Logic and Structure*, fifth edition, Springer, 2013.

第 1 章で扱った，論理式による主張の表し方を学ぶには，[1] や [2] も参考になる．[1] では，連続性や収束など解析学の基本概念も扱っている．文に現れる対象や述語を括弧で囲んで分析する方法については [2] を参考にした．

第 2 章で解説した証明法については，[2] や [3] も参考になる．[3] は，集合論や離散数学の証明問題を数多く扱っている．[4] は，証明法に限らず数学の問題を解く方法を解説している．問題の解き方の記述にあたって [4] を参考にした．論理と集合の関係についてより深く学ぶには，[5] を読むとよい．

第 3 章の自然演繹についてさらに学ぶには，入門書としては [6]，教科書としては [7] や [8]，専門書としては [9] などが参考になる．本書の自然演繹の数学的な定義は [9] を参考にした．

# 索　引

## 著 者 略 歴

山田　俊行（やまだ・としゆき）

1999 年　筑波大学大学院博士課程電子・情報工学専攻 修了
　　　　　筑波大学電子・情報工学系 助手
2002 年　三重大学工学部情報工学科 助手
2006 年　三重大学大学院工学研究科情報工学専攻 講師
　　　　　現在に至る，博士（工学）

研究分野は書き換え系，等式論理，組み合わせ最適化，ソフトウェアの解析と検証など．

編集担当　福島崇史（森北出版）
編集責任　上村紗帆（森北出版）
組　　版　ウルス
印　　刷　丸井工文社
製　　本　　同

はじめての数理論理学
証明を作りながら学ぶ記号論理の考え方



2018 年 7 月 31 日　第 1 版第 1 刷発行
2022 年 8 月 25 日　第 1 版第 4 刷発行



著　　者　山田俊行
発 行 者　森北博巳
発 行 所　森北出版株式会社
　東京都千代田区富士見 1–4–11（〒102–0071）
　電話 03–3265–8341 ／ FAX 03–3264–8709
　https://www.morikita.co.jp/
　日本書籍出版協会・自然科学書協会　会員
　JCOPY ＜（一社）出版者著作権管理機構 委託出版物＞

落丁・乱丁本はお取替えいたします．

Printed in Japan／ISBN978–4–627–07801–7